中等职业教育数控技术应用专业规划教材

机械基础

主 编　周　建
副主编　徐其英
参编者　黄小琴　秦　菊
　　　　刘　勇　王贤芬

JIXIE JICHU

中国人民大学出版社
·北京·

图书在版编目（CIP)数据

机械基础/周建主编. —北京：中国人民大学出版社，2014.6
中等职业教育数控技术应用专业规划教材
ISBN 978-7-300-19531-5

Ⅰ.①机…　Ⅱ.①周…　Ⅲ.①机械学-中等专业学校-教材　Ⅳ.①TH11

中国版本图书馆 CIP 数据核字（2014）第 130846 号

中等职业教育数控技术应用专业规划教材

机械基础

主　编　周　建
副主编　徐其英
参编者　黄小琴　秦　菊　刘　勇　王贤芬

出版发行	中国人民大学出版社			
社　址	北京中关村大街 31 号		**邮政编码**	100080
电　话	010—62511242（总编室）		010—62511770（质管部）	
	010—82501766（邮购部）		010—62514148（门市部）	
	010—62515195（发行公司）		010—62515275（盗版举报）	
网　址	http://www.crup.com.cn			
	http://www.ttrnet.com（人大教研网）			
经　销	新华书店			
印　刷	三河市汇鑫印务有限公司			
规　格	185 mm×260 mm　16 开本		**版　次**	2014 年 8 月第 1 版
印　张	9.75		**印　次**	2014 年 8 月第 1 次印刷
字　数	216 000		**定　价**	28.00 元

前　言

　　本书是中等职业教育数控专业规划教材之一，适用于中等职业技术学校机械类、近机械类相关专业（含数控、机械制造、工程机械、汽修、机电等专业）"机械基础"课程的教学。本书在内容上涉及机械传动、机械零件、常用的平面连杆机构、凸轮机构、轴上零件以及液压传动和气压传动等方面的基础知识，内容的知识面跨度大。

　　通过本书的学习，学生能对通用机械装备有一个系统的认识。从机械零件的学习来认识如何合理使用与维护好将来工作中遇到的各种机器设备；从常用机构与机械传动的功能设计的学习来认识通用机器的工作原理和工作特性；从零部件选用方法的学习来掌握应用标准、手册、图册等有关技术资料的能力。这些知识按照机械设计的主线进行组合与串联，使得本书成为机械类综合教程。

　　本书立足于基础，一方面力求综合，尽量全面地介绍机械基础领域的知识；另一方面，考虑到中职教育的特点，在各章知识的安排和选择上都力求简洁易懂。全书共安排了11个项目，每个项目安排了一个实践训练任务，帮助学生理解每个项目的理论知识，提高学生的动手能力。

　　本书由周建担任主编，徐其英担任副主编。具体编写分工如下：绪论、项目1和项目2由秦菊编写，项目3、项目4和项目5由刘勇编写，项目6和项目7由周建编写，项目8和项目9由黄小琴编写，项目10由王贤芬编写，项目11由徐其英编写。在编写过程中得到了宛永江老师的悉心指导，并提出了许多具体修改建议，为本书增色不少，编者表示诚挚的谢意。

　　限于编者的能力和水平，教材中可能存在缺点和错误，欢迎使用本教材的同仁提出宝贵意见。

目　录

绪　论 ·· 1

项目 1　带传动 ···································· 5

◎任务 1　认识带传动的组成、原理和类型 ······· 5

◎任务 2　认识 V 带与带轮 ······················· 7

◎任务 3　观察带传动 ····························· 11

项目 2　螺纹连接及螺旋传动 ··················· 13

◎任务 1　认识螺纹 ····························· 13

◎任务 2　认识螺纹连接 ························· 17

◎任务 3　认识螺旋传动 ························· 20

项目 3　链传动 ································· 23

◎任务 1　认识链传动 ··························· 23

◎任务 2　认识链传动的常用类型 ··············· 25

◎任务 3　链传动实践训练 ······················ 27

项目 4　齿轮传动 ······························· 29

◎任务 1　认识齿轮传动的类型、应用及特点 ····· 29

◎任务 2　认识渐开线齿廓 ······················ 30

◎任务 3　认识直齿圆柱齿轮的基本参数和几何尺寸计算 ····· 32

◎任务 4 认识其他齿轮传动 ·· 36

◎任务 5 认识齿轮的失效 ··· 37

◎任务 6 主轴齿轮箱的拆卸和安装实践训练 ························ 39

项目 5 蜗杆传动 ··· 41

◎任务 1 认识蜗杆传动 ··· 41

◎任务 2 分析蜗杆传动的主要参数 ······································ 43

◎任务 3 认识蜗杆、蜗轮的材料和结构 ······························ 45

◎任务 4 认识蜗杆传动的润滑和散热 ·································· 46

◎任务 5 蜗杆传动实践训练 ·· 47

项目 6 轮系 ·· 48

◎任务 1 认识轮系 ··· 48

◎任务 2 掌握定轴轮系及其计算 ·· 50

◎任务 3 减速器的拆装实践训练 ·· 54

项目 7 平面连杆机构 ·· 56

◎任务 1 认识平面连杆机构 ·· 56

◎任务 2 认识铰链四杆机构 ·· 57

◎任务 3 分析铰链四杆机构的基本性质 ······························ 59

◎任务 4 认识铰链四杆机构的演化 ······································ 62

◎任务 5 机器模型运动简图绘制 ·· 64

项目 8 常用机构 ··· 66

◎任务 1 认识凸轮机构的组成及特点 ·································· 66

◎任务 2 认识凸轮机构的分类 ·· 67

◎任务 3 了解凸轮机构的应用 ·· 68

◎任务 4 认识变速机构 ··· 69

◎任务 5 认识换向机构 ··· 73

◎任务 6 认识间歇运动机构 ·· 75

◎任务 7 认识机器中的常用机构 ·· 77

项目 9　键与销 ·· 79

◎任务 1　认识键连接 ·· 79

◎任务 2　认识销连接 ·· 81

◎任务 3　键与销的装配实践训练 ·································· 83

项目 10　轴系零件 ·· 84

◎任务 1　认识轴 ··· 84

◎任务 2　认识滑动轴承 ·· 91

◎任务 3　认识滚动轴承 ·· 97

◎任务 4　认识联轴器和离合器 ····································· 105

◎任务 5　齿轮轴的拆装实践训练 ·································· 110

项目 11　液压传动与气压传动 ···································· 111

◎任务 1　理解液压传动原理 ·· 111

◎任务 2　认识液压元件 ··· 117

◎任务 3　分析液压系统基本回路 ································· 132

◎任务 4　认识气压传动 ··· 139

◎任务 5　认识气压传动常用元件 ································· 141

◎任务 6　认识气压传动基本回路 ································· 144

◎任务 7　分析典型液压回路 ·· 145

参考文献 ·· 148

绪　论

机械是机器和机构的总称。机械是人类进行生产劳动的主要工具，也是社会生产力发展的重要标志。

一、机器和机构

1. 机器

机器的种类繁多，如摩托车、汽车、机床、计算机、机器人等，如图 0—1 所示。

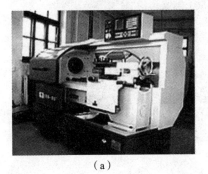
（a）

（b）

图 0—1　机器

机器的特征：

（1）任何机器都是由许多构件组合而成的；

（2）各运动实体之间具有确定的相对运动；

（3）能实现能量的转换、代替或减轻人类的劳动，完成有用的机械功。

同时具有上述三个特征的实体组合称为机器。机器就是人为的实体（构件）的组合，它的各部分之间具有确定的相对运动并能代替或减轻人类的体力劳动，完成有用的机械功或实现能量的转换。

2. 机构

机构在机器中的作用是传递运动和力，实现运动形式、速度和方向的变化。

机器与机构的区别：机器的主要功用是利用机械能做功或实现能量的转换；机构的主要功用在于传递或改变运动的形式。

机器包含机构，机构是机器的主要组成部分。一部机器可以只含有一个机构或多个机构。

1

3. 构件、零件

零件是指机器中不可拆的最基本的制造单元体。零件可分为两类：一类是通用零件，即在各类机械中常见的零件，如齿轮、轴、螺栓和弹簧等，如图 0—2（a）所示；另一类是专用零件，是指在专用机械中特有的零件，如叶片，如图 0—2（b）所示。

（a）通用零件

（b）专用零件

图 0—2

构件是指由一个或几个零件所构成的刚性单元体（如图 0—3 所示）。

构件是运动单元，而零件是制造单元。构件可能是由多个零件组合而成，也可能是一个单独零件。

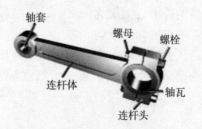

图 0—3　构件

二、运动副

机构是用来传递运动和力的构件系统，机构中的各构件以一定方式彼此连接，这种连接既要对构件的运动加以限制，又允许连接的两构件之间具有一定的相对运动。这种直接接触的两构件间的可动连接称为运动副。运动副分为平面运动副和空间运动副。

平面运动副有低副和高副两种类型。

1. 低副

两构件通过面接触组成的运动副称为低副，如图0—4所示。由于低副是面接触，在承受载荷时压强较低，便于润滑，所以不易磨损。

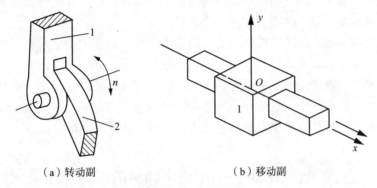

（a）转动副　　　　　　　　（b）移动副

图0—4　平面低副

低副按两构件间允许相对运动的形式不同分为转动副和移动副两种类型。

（1）转动副：组成运动副的两构件只能绕某一轴线作相对转动的运动副。如图0—4（a）所示，构件1和构件2只绕铰链轴线作相对转动。如轴与轴承之间的可动连接属于转动副。

（2）移动副：组成运动副的两构件只能绕某一轴线作相对移动的运动副。如图0—4（b）所示，构件1和构件2只能沿x轴线作相对移动。如滑块与导路之间的可动连接属于移动副。

2. 高副

两构件通过点或线接触组成的运动副称为高副。如图0—5所示的齿轮副和凸轮副都是高副。由于高副是以点或线接触，其接触部分的压强较高，故易磨损。

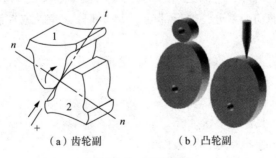

（a）齿轮副　　　　　　　　（b）凸轮副

图0—5　平面高副

三、机器的组成

机器的种类繁多，其结构形式和用途也各不相同。一般来说，一台完整的机器由以下四大部分组成：

（1）原动机部分：也称动力装置，其作用是把其他形式的能量转换成机械能，以驱动机器各部分运动和工作。原动机部分是机器完成预定功能的动力源，最常见的有内燃机和电动机等。

（2）传动部分：从原动机部分到执行部分的运动与动力的传递环节，用以完成运动与动力的传递和转换。由原动机驱动，用于将运动机的运动形式、运动及动力参数（如速度、转矩等）进行变换，改变为执行部分所需的运转形式，从而使执行部分实现预期的生产职能。如机床的变速箱，汽车的变速、变向等。

（3）操纵或控制部分：机器按预定的运动要求工作，其作用是显示和反映机器的运行位置和状态，控制机器正常运行和工作。如机械电气装置、方向盘等。

（4）执行部分：直接完成工作任务的部分，如电动自行车的车轮、工业机器人的手持部分等。

另外，润滑系统和照明系统等也是保证机器正常工作的辅助部分。

实践训练——车床主轴箱的拆卸和组装

一、实训目的

1. 了解车床各组成部分。
2. 了解车床各零部件之间的相对运动关系。
3. 掌握机器与机构、零件与构件之间的区别。

二、实训要求

1. 学生动手拆开车床的主轴箱观察内部结构。
2. 观察分析哪些属于零件，哪些属于构件，并做好记录。
3. 分组讨论零件、构件、机构之间的关系及区别，并做好记录。
4. 现场指出车床的动力部分、执行部分、传动部分、操纵或控制部分各在什么位置，分别是什么零部件。
5. 通过车床的分析，讨论汽车、机器人、电脑的组成部分，编写实训报告。

三、注意事项

1. 注意正确使用工具、量具等。
2. 拆卸时应注意不要损坏零部件表面。
3. 注意安全，坚持文明操作。

思考与练习

1. 什么是机器？什么是机械？两者有何区别？
2. 简述零件和构件的区别。
3. 简述机器的组成。

项目 1　带传动

带传动是由带和带轮组成传递运动和动力的传动。带传动分为摩擦型传动和啮合型传动两类。属于摩擦传动类的带传动有平带传动、V带传动和圆带传动；属于啮合传动类的带传动有同步带传动。如图1—1所示，带传动在跑步机和拖拉机中的使用。

（a）　　　　　　　　　　　　　　　　（b）

图1—1　带传动的应用

任务1　认识带传动的组成、原理和类型

一、带传动的组成和原理

带传动由主动带轮、从动带轮和传动带所组成，如图1—2所示。带传动是一种利用中间挠性件的摩擦传动。

工作时，以张紧在至少两个轮上的带作为中间挠性件，靠带与带轮接触面间产生的摩擦力（啮合力）来传递运动和动力。

机构的传动比是指机构中瞬时输入角速度与输出角速度的比值。

带传动的传动比就是主动带轮转速 n_1 与从动带轮转速 n_2 之比：

$$i_{12}=n_1/n_2$$

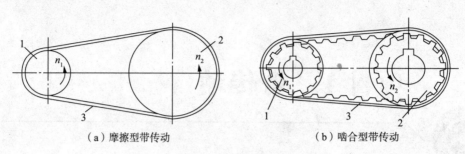

（a）摩擦型带传动　　　　　　　　　（b）啮合型带传动

图1—2　带传动的组成

1—主动带轮；2—从动带轮；3—传动带。

二、带传动的类型

带传动的类型可分为摩擦型带传动和啮合型带传动（见图1—2）。根据横截面形状的不同，传动带分为平带、V带、圆带、同步齿形带等类型（见表1—1），以平带与V带使用最多。

表1—1　　　　　　　　　　　　　　带传动的类型

类型		图示	特点		应用
摩擦型带传动	平带		结构简单，带轮制造方便	传动过载时存在打滑现象，传动比不准确	常用于高速、中心距较大、平行轴的交叉传动与相错轴半交叉传动
	V带		承载能力大，是平带的3倍		一般机械常用V带传动
	圆带		结构简单、制造方便，抗拉强度高，耐磨损，耐腐蚀，易安装，使用寿命长		常用于包装机、印刷机、纺织机等机器中
啮合型带传动	同步齿形带		传动比准确，传动平稳，传动精度高，结构复杂		常用于数控机床、纺织机械等传动精度要求较高的场合

三、带传动的特点和应用

带传动具有以下特点：

（1）传动带有弹性，能缓冲、吸振，传动较平稳，噪声小；

（2）摩擦型带传动在过载时带在带轮上的打滑，可防止损坏其他零件，起安全保护作用，但不能保证准确的传动比；

（3）结构简单，制造成本低，适用于两轴中心距较大的传动；

（4）传动效率低，外廓尺寸大，对轴和轴承压力大，寿命短，不适合高温易燃场合。

带传动广泛应用在工程机械、矿山机械、化工机械、交通机械等领域。带传动常用于中小功率的传动；摩擦型带传动的工作速度一般在 5m/s～25m/s 之间，啮合型带传动的工作速度可达 50m/s；摩擦型带传动的传动比一般不大于 7，啮合型带传动的传动比可达 10。

任务2 认识 V 带与带轮

一、V 带的结构

V 带传动——由一条或数条 V 带和 V 带带轮组成的摩擦传动。

V 带传动是依靠带的两侧面与带轮轮槽侧面相接触产生摩擦力而工作的。我国生产的 V 带分为帘布芯、线绳芯两种结构，如图 1—3 所示。

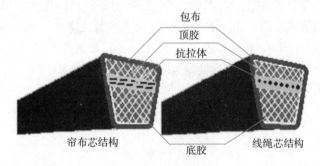

图 1—3 V 带的结构

二、V 带传动的主要参数

1. V 带的主要参数

V 带的主要参数包括顶宽 b、中性层、节宽 b_p、高度 h 和中心角 α，如图 1—4 所示。

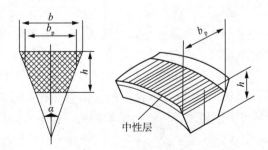

图 1—4 V 带的主要参数

普通 V 带已标准化,按横截面尺寸由小到大有 Y、Z、A、B、C、D、E 七种型号,见表 1—2。

表 1—2　　　　　　　　　　　　普通 V 带截面尺寸

型　别	Y	Z	A	B	C	D	E
b_p/mm	5.3	8.5	11	14	19	27	32
b/mm	6	10	11	17	22	32	38
h/mm	4	6	8	11	14	19	25
α				40°			

2. V 带标记示例

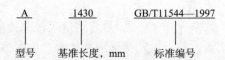

普通 V 带是无接头的环形带,当其绕过带轮而弯曲时,顶胶受拉而伸长,底胶受压而缩短。抗拉体部分必有一层既不受拉伸也不受压缩的中性层,称为节面,其宽度叫节宽,用 b_p 表示。带在轮槽中与节宽相应的槽宽称为轮槽的基准宽度,用 b_d 表示;带轮在此处的直径称为基准直径,用 d_d 表示。普通 V 带在规定的张紧力下,位于测量带轮基准直径上的周长称为基准长度(也称节线长度),用 L_d 表示,它用于计算带传动的几何尺寸。

3. 中心距

如图 1—5 所示,两带轮中心连线的长度就是中心距,用 a 表示。

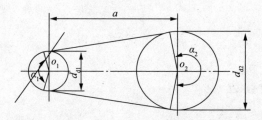

图 1—5　带轮的中心距和包角

4. 带轮的包角

带与带轮接触弧所对应的圆心角称包角,见图 1—5。大带轮包角用 α_2 表示,小带轮包角用 α_1 表示。包角的大小反映了带与带轮轮缘表面间接触弧的长短。包角越小,接触弧长越短,接触面间所产生的摩擦力总和也越小。为了提高 V 带传动的承载能力,包角就不能太小,一般要求包角 $\alpha \geqslant 120°$。由于大带轮上的包角总是比小带轮上的包角大,因此只须验算小带轮上的包角是否满足要求即可。小带轮包角可按下式计算:

$$\alpha_1 = 180° - \frac{(d_{d2} - d_{d1})}{\alpha} \times 57.3°$$

三、带轮的材料、结构

1. 带轮的材料

带轮常采用灰铸铁制造。当带轮圆周速度 $v<30\text{m/s}$ 时，常用 HT150 或 HT200 制造。转速较高时，用铸钢或轻合金制造，以减轻重量。低速转动 $v<15\text{m/s}$ 和小功率传动时，常采用木材和工程塑料制造。

2. 带轮的结构

V 带轮通常由轮缘、轮辐和轮毂组成。带轮的结构形式根据带轮直径决定。带轮的外圈是轮缘，在轮缘上有梯形槽，与轴配合的部分称为轮毂，连接轮毂与轮缘的部分称为轮辐。带轮的结构形式有四种，分别为实心式（见图 1—6（a））、腹板式（见图 1—6（b））、孔板式（见图 1—6（c））和轮辐式（见图 1—6（d））结构。一般小带轮，即 $D<150\text{mm}$ 时，采用实心式；中带轮，即 $D=150\text{mm}\sim450\text{mm}$ 时，采用腹板式或孔板式；大带轮，即 $D>450\text{mm}$ 时，采用轮辐式。轮辐式的截面是椭圆形。

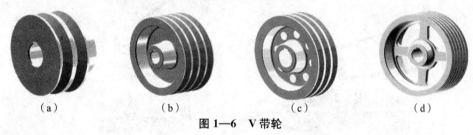

（a）　　　　　　（b）　　　　　　（c）　　　　　　（d）

图 1—6　V 带轮

四、V 带传动的安装维护及张紧装置

1. V 带传动的安装与维护

（1）按设计要求选取带型、基准长度和根数。新、旧带不能同组混用，否则各带受力不均匀。

（2）安装带轮时，两轮的轴线应平行，端面与中心垂直，且两带轮装在轴上不得晃动，否则会使传动带侧面过早磨损。

（3）安装时，先将中心距缩小，待将传动带套在带轮上之后再慢慢拉紧，以使带松紧适度。一般可凭经验来控制，带张紧程度以大拇指能按下 10mm～15mm 为宜，如图 1—7 所示。如果用手拔撬 V 带时，注意防止 V 带夹伤手指。

图 1—7　V 带的安装

（4）V带在轮槽中应有正确的位置。

（5）为了保证安全生产，应给V带传动加防护罩。

2. 普通V带传动的张紧

由于传动带工作一段时间后会产生永久变形，使带松弛，使初拉力减小而降低带传动的工作能力，因此需要重新张紧传动带，提高初拉力。常用的张紧方法有以下两种：

（1）当两带轮的中心距能够调整时，可采用增大两轮中心距的方法使传动带具有一定的张紧力。

如图1—8（a）所示的定期张紧装置——滑道式，适用于两轴线水平或接近于水平的传动。

如图1—8（b）所示的定期张紧装置——摆架式，适用于两轴线相对安装支架垂直或接近于垂直的传动。

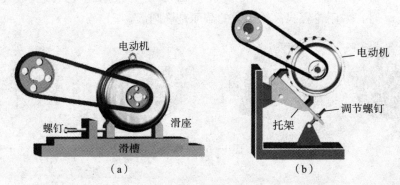

图1—8 定期张紧装置

如图1—9所示的自动张紧装置，靠电动机及摆架的重力使电动机绕小轴摆动实现自动张紧。

图1—9 自动张紧装置

（2）当中心距不能调整时可采用张紧轮装置，如图1—10所示。对于V带传动的张紧轮，其位置应安放在V带松边的内侧，这样可使V带传动时只受到单方向的弯曲，同时张紧轮应尽量靠近大带轮的一边，这样可使小带轮的包角不至于过分减小。

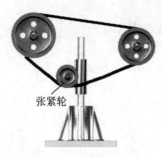

张紧轮

图1—10　张紧轮装置

任务3　观察带传动

一、实训目的

1. 了解带传动的工作原理。
2. 掌握带传动的组成。
3. 了解带传动在车床中的位置及作用。
4. 了解带传动的失效形式。

二、实训要求

1. 观察车床内部带传动的具体位置及与其他零部件的传动关系。
2. 学生动手拆卸皮带轮，观察其组成部分。
3. 切开传动带，观察带的截面形状及组成并作记录。
4. 通过老师的引导讲解，观察带轮的材料。
5. 亲自组装一个带传动，分析带传动在机器传动中的作用并制定维护保养方案。

三、设备和工具

CA6132机床，旋具。

四、实训报告

编写实训报告。

思考与练习

1. 带传动常用的类型有哪些？
2. V带的主要类型有哪些？
3. 普通V带和窄V带的截型各有哪几种？

4. 什么是带的基准长度?
5. 带传动工作时,带中的应力有几种?
6. 带传动的安装有什么要求?
7. 带传动的张紧有哪些方法?

项目 2　螺纹连接及螺旋传动

任务❶　认识螺纹

一、螺纹的形成

如用一个三角形 k 沿螺旋线运动并使 k 平面始终通过圆柱体轴线 $y-y$，这样就构成了三角形螺纹，如图 2—1 所示。同样改变平面图形 k，可得到矩形、梯形、锯齿形。

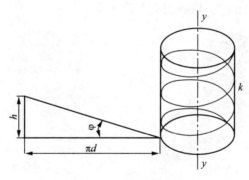

图 2—1　螺纹的形成

二、螺纹的分类

1. 按螺纹牙形分类

在通过螺纹轴向的剖面上，螺纹的轮廓形状称为螺纹牙形。按螺纹牙形的不同，可分为三角形螺纹、矩形螺纹、梯形螺纹和锯齿螺纹等，如图 2—2 所示。

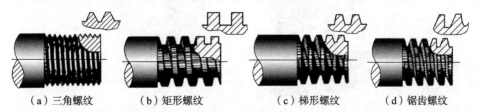

（a）三角螺纹　　（b）矩形螺纹　　（c）梯形螺纹　　（d）锯齿螺纹

图 2—2　螺纹牙形

2. 按螺纹所处位置分类

按螺纹所处位置分类，可分为外螺纹和内螺纹。在圆柱或圆锥外表面上所形成的螺纹称外螺纹。在圆柱或圆锥内表面上所形成的螺纹称内螺纹，如图 2—3 所示。

（a）外螺纹　　　　　（b）内螺纹

图 2—3　外螺纹和内螺纹

3. 按螺纹的旋向分类

按螺纹的旋向不同，可分为右旋螺纹和左旋螺纹。顺时针旋转时旋入的螺纹称右旋螺纹，逆时针旋转时旋入的螺纹称左旋螺纹。

螺纹的旋向可以用右手来判定，伸展右手，掌心对着自己，四指并拢与螺杆的轴线平行，并指向旋入方向，如图 2—4 所示，若螺纹的旋向与拇指的指向一致为右旋螺纹；若螺纹的旋向与拇指的指向相反，该螺纹为左旋螺纹。

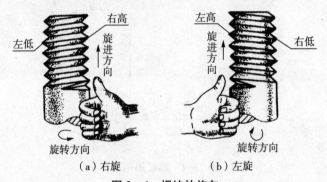

（a）右旋　　　　　　（b）左旋

图 2—4　螺纹的旋向

4. 按螺纹线的数目分类

按螺纹线的数目不同，可分为单线螺纹和多线螺纹。沿一条螺旋线（$n=1$）形成的螺纹叫做单线螺纹；两条或两条以上在轴向等距分布的螺旋线所形成的螺纹叫做多线螺纹（$n=2$、3、4……），n 为螺纹线数，如图 2—5 所示。

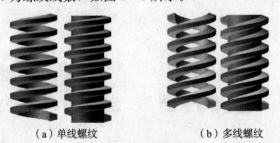

（a）单线螺纹　　　　　（b）多线螺纹

图 2—5　螺纹的线数

三、螺纹的基本参数

如图 2—6 所示，普通螺纹的主要参数有 8 个，即大径、小径、中径、螺距、线数、导程、牙形角和螺纹升角。对标准螺纹来说，只要知道大径、线数、螺距和牙形角就可以了，其他参数可通过计算或查表得出。

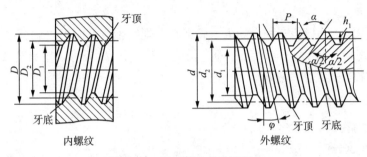

图 2—6　普通螺纹的主要参数

1. 牙形角 α

连接牙顶和牙底的侧面称为牙侧。相邻两牙侧面的夹角 α 称为牙形角。牙侧与螺纹轴线的垂线间的夹角 $\dfrac{\alpha}{2}$ 为牙形半角。

2. 大径 D、d

大径是指与外螺纹牙顶或内螺纹牙底相重合的假想圆柱面的直径。标准中将螺纹大径的基本尺寸定为公称直径，是代表螺纹尺寸的直径。外螺纹的大径代号是 d，内螺纹的大径代号是 D。

3. 小径 D_1、d_1

小径是指与外螺纹牙底或内螺纹牙顶相重合的假想圆柱面的直径。外螺纹的小径代号是 d_1，内螺纹的小径代号是 D_1。

4. 中径 D_2、d_2

中径是一个假想圆柱的直径。该圆柱的母线通过牙形上沟槽和凸起宽度相等的地方，假想圆柱称为中径圆柱。中径是确定螺纹几何参数与配合性质的直径。外螺纹的中径代号是 d_2，内螺纹的中径代号是 D_2。

5. 螺距 P

螺距是相邻两牙在中径线上对应两点间的轴向距离。螺距用 P 表示。

6. 线数 n

线数是指一个螺纹零件的螺旋线数目。

7. 导程 P_h

导程是指同一条螺旋线上的相邻两牙在中径线上对应两点间的轴向距离。

$$P_h = nP$$

8. 螺纹升角 φ

在中径圆柱上螺旋线的切线与垂直于螺纹轴线的平面间的夹角，单位为度（°）。

$$\tan\varphi=\frac{np}{\pi d_2}$$

9. 旋合长度

螺纹的旋合长度是指相互配合的内、外螺纹沿螺纹轴线方向可以旋合在一起的部分长度。国家标准规定把旋合长度分为三种，长旋合长度用 L 表示，中旋合长度用 N 表示（不标注），短旋合长度用 S 表示。

10. 螺纹代号

螺纹代号由特征代号和尺寸代号组成。

（1）普通螺纹。

粗牙普通螺纹用字母 M 与公称直径表示；细牙普通螺纹用字母 M 与公称直径×螺距表示。当螺纹为左旋时，在代号之后加"LH"表示。

【例】

M40——表示公称直径为 40mm 的粗牙普通螺纹。

M40×1.5——表示公称直径为 40mm、螺距为 1.5mm 的细牙普通螺纹。

M40×1.5LH——表示公称直径为 40mm、螺距为 1.5mm 的左旋细牙普通螺纹。

螺纹完整的标记是由螺纹代号、螺纹公差带代号和螺纹旋合长度代号组成。

如 M30×1—5g6g—S 中"S"表示短旋合长度。

（2）管螺纹。

1）非螺纹密封的管螺纹：螺纹特征代号 G　尺寸代号　公差等级代号—旋向。

非螺纹密封的管螺纹，其螺纹公差等级分 A、B 两级，而内管螺纹只有一种等级，故不标记公差等级代号。

2）螺纹密封的管螺纹：螺纹特征代号 R 或 Rc 或 Rp　尺寸代号—旋向。

3）圆锥外螺纹代号为 R，圆锥内螺纹代号为 R_C，圆柱内螺纹代号为 R_P。

【例】

①非螺纹密封的外管螺纹，尺寸代号为 1/2、左旋，公差等级为 A 级。标记形式：G1/2A—LH，如图 2—7（a）所示。

②螺纹密封的圆锥（外）管螺纹，尺寸代号为 3/4、右旋。标记形式：R3/4。

③螺纹密封的圆锥（内）管螺纹，尺寸代号为 1/2、左旋。标记形式：R_C1/2—LH，如图 2—7（b）所示。

管螺纹的标注用指引线由螺纹的大径线引出。其尺寸代号数值不是指螺纹大径，而是指带有外螺纹管子的内孔直径（通径）。螺纹的大小径数值可根据尺寸代号在有关标准中查到。

（3）梯形螺纹。

1）单线梯形螺纹：螺纹特征代号 Tr　公称直径×螺距　旋向—公差带代号—旋合

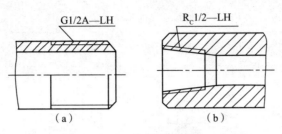

图 2—7 管螺纹的标记

长度。

2）多线梯形螺纹：螺纹特征代号 Tr 公称直径×导程（螺距 P） 旋向—公差带代号—旋合长度。

梯形螺纹的公差带代号只标注中径公差带代号。旋合长度有中等旋合长度 N 和长旋合长度 L。旋合长度按螺纹公称直径和螺距尺寸在有关标准中查阅。

【例】

公称直径 $d=40mm$，双线，螺距 $P=7$，左旋，中径公差带代号 7H，中等旋合长度的梯形螺纹。标记形式为：Tr 40×14($P7$)LH—7H，如图 2—8 所示。

（4）锯齿形螺纹。

锯齿形螺纹的特征代号为：B。如：B40×7—7a 表示锯齿形外螺纹，大径 40，螺距 7，单线，中径顶径公差代号 7a，如图 2—9 所示。

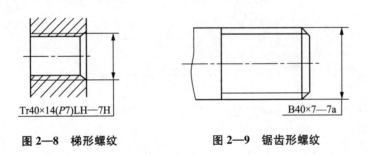

图 2—8 梯形螺纹   图 2—9 锯齿形螺纹

任务 2 认识螺纹连接

一、螺纹连接的基本类型

螺纹连接是利用螺纹零件构成的可拆卸的固定连接。螺纹连接具有结构简单、紧固可靠、装拆方便、成本低等优点，应用极其广泛。

螺纹连接基本类型有螺栓连接、双头螺柱连接、螺钉连接和紧定螺钉连接四种。它们的结构、特点和应用见表 2—1。

表 2—1   螺纹连接的基本类型

类型	螺栓连接	双头螺柱连接	螺钉连接	紧定螺钉连接
结构				
特点及应用	用于被连接件均不太厚的场合。用螺栓贯穿被连接件上预制的孔中，然后拧紧螺母而形成的连接。螺栓与螺栓孔之间有一定的间隙。	用于被连接件之一较厚，且被连接件又要经常装拆的场合。其特点是将双头螺柱的一端拧入较厚的被连接件上的螺纹孔内，并固紧。只要旋动螺母，就可以拆装被连接件，而不用取下双头螺柱。	用于当被连接件之一较厚，不宜采用螺栓连接的场合。其特点是将螺钉直接拧入较厚被连接件上的预制螺纹孔中，不另外使用螺母。但这种连接不宜经常装拆，多次装拆易损坏螺纹孔。	用于固定两个零件的相对位置的场合。其特点是利用螺钉端部顶住另一被连接件表面，可传递不大的力或扭矩。

二、螺纹连接的预紧与防松方法

1. 螺纹连接的预紧

螺纹连接是可拆卸的固定连接。安装时将螺母拧紧，使连接受到一定的预紧力。

预紧目的：提高螺栓连接的刚性、紧密性、紧固性以及防松能力。

对一般无预紧力要求的螺纹连接，直接使用普通扳手拧紧，但不能随意加大扳手手柄长度，以免产生过大的拧紧力矩，损坏螺钉。对有预紧力要求的螺纹连接，应用测力扳手和控制螺栓伸长量等办法加以控制。

2. 螺纹连接的防松方法

螺纹连接多采用单线普通螺纹，一般都具有自锁性。在静载荷和工作环境温度变化不大的情况下不会自动松脱。但在振动、冲击、变载荷或温度变化很大时，连接就有可能松脱。为保证连接安全可靠，设计时必须考虑防松问题。

常用的防松方法有增大摩擦力和机械防松两类。具体防松方法见表 2—2。

表 2—2　　　　　　　　　　　　　　　螺纹连接的防松方法

增大摩擦力防松	弹簧垫圈		双螺母（对顶螺母）	
	螺纹间始终有摩擦力，同时垫圈斜口的尖端也有防松作用。结构简单、防松方便，但防松效果较差。一般用于不甚重要的连接。		两螺母对顶拧紧后，螺纹间始终有摩擦力，即使工作载荷有变动，该摩擦力仍然存在。两螺母的高度取成相等为宜。结构简单，适用于平稳、低速和重载的固定装置上的连接。	
机械防松	止动垫圈		开口销与槽形螺母	
	螺母拧紧后，将单耳或双耳止动垫圈分别向螺母和被连接件的侧面折弯贴紧，即可将螺母锁住。若两个螺栓需要双连锁紧时，可采用双连止动垫圈，使两个螺母相互制动。		六角开槽螺母拧紧后，将开口销穿入螺栓尾部小孔和螺母的槽内，并将开口销尾部掰开与螺母侧面贴紧。适用于有较大冲击、振动的高速机械中运动部件的连接。	
	串联钢丝			
			钢丝穿入各螺钉头部的孔内，将各螺钉串联起来，使其相互制动，但需注意钢丝的穿入方向。适用于螺钉组连接，但是拆卸不方便。	
冲边防松			防松效果良好，但仅适用于很少拆开或不拆的连接，对螺钉有损坏性。	

粘接防松	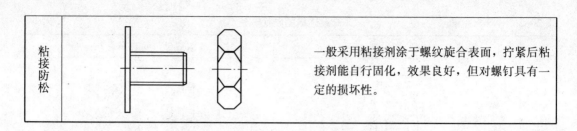	一般采用粘接剂涂于螺纹旋合表面，拧紧后粘接剂能自行固化，效果良好，但对螺钉具有一定的损坏性。

任务③　认识螺旋传动

螺旋传动是由螺杆、螺母和机架组成。它是通过螺杆与螺母之间的相对运动，将旋转运动转变成为直线运动，实现传递动力（运动）或调整（固定）零件之间的相对位置。

一、螺旋传动的特点

螺旋传动具有结构简单，工作连续、平稳，承载能力大，传动精度高等优点，广泛应用于各种机械和仪器中。螺旋传动的缺点是摩擦损失大，传动效率低。但由于滚动螺旋传动的应用，使螺旋传动摩擦大、易磨损和效率低的缺点得到了很大程度的改善。

二、螺旋传动的分类

常用的螺旋传动有普通螺旋传动、差动螺旋传动和滚珠螺旋传动等。

1. 普通螺旋传动

由构件螺杆和螺母组成的简单螺旋副实现的传动是普通螺旋传动。

（1）螺母固定不动，螺杆回转并作直线运动，如台虎钳（如图 2—10 所示）。

（2）螺杆固定不动，螺母回转并作直线运动，如螺旋千斤顶（如图 2—11 所示）。

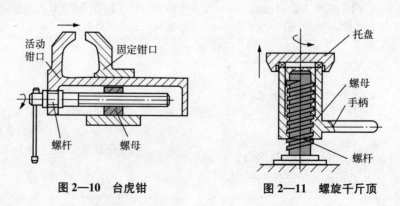

图 2—10　台虎钳　　　　　图 2—11　螺旋千斤顶

2. 差动螺旋传动

如图 2—12 所示，螺杆上有两段不同导程的螺纹（P_{h1} 和 P_{h2}），分别与固定螺母（机架）和活动螺母组成两个螺旋副，这两个螺旋副中的螺纹（固定螺母与活动螺母）旋向相同的机构称为差动螺旋机构。

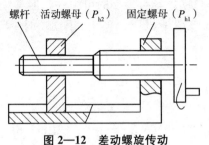

图 2—12 差动螺旋传动

差动螺旋机构可动螺母相对机架移动的距离 L 可按下式计算：

$$L = N(P_{h1} \pm P_{h2})$$

式中：L——活动螺母的实际移动距离（mm）；

N——螺杆的回转圈数；

P_{h1}——机架上固定螺母的导程（mm）；

P_{h2}——活动螺母的导程（mm）。

计算结果为正，活动螺母实际移动方向与螺杆移动方向相同；计算结果为负，活动螺母实际移动方向与螺杆移动方向相反。

螺杆移动方向按普通螺旋传动螺杆移动方向确定。

当 P_{h1} 和 P_{h2} 相差很小时，则移动量可以很小。利用这一特性，将差动螺旋应用于计算机、分度机以及许多精密切削机床、仪器和工具中。

3. 滚珠螺旋传动

在普通的螺旋传动中，由于螺杆与螺母的牙侧表面之间的相对运动摩擦是滑动摩擦，因此，传动阻力大，摩擦损失严重，效率低。为了改善螺旋传动的功能，将螺纹牙侧表面间的运动摩擦，用滚动摩擦来替代滑动摩擦，发展并采用了滚珠螺旋传动新技术，如图 2—13 所示。

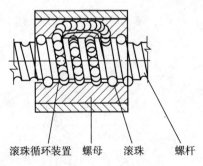

滚珠循环装置　螺母　滚珠　螺杆

图 2—13 滚珠螺旋传动

用滚动体在螺纹工作面间实现滚动摩擦的螺旋传动，又称滚珠丝杠传动。滚动体通常为滚珠，也有用滚子的。滚珠螺旋传动的摩擦系数、效率、磨损、寿命、抗爬行性能、传动精度和轴向刚度等虽比静压螺旋传动稍差，但远比滑动螺旋传动要好。滚珠螺旋传动的效率一般在 90％以上。它不自锁，具有传动的可逆性，但其结构复杂，制造精度要求高，抗冲击性能差。它已广泛地应用于机床、飞机、船舶和汽车等要求高精度或高效率的场合。

◎ 思考与练习

1. 说明螺纹代号 M10×1.5—5H—30 和 M20×2LH—6H/5g6g 的含义。
2. 连接螺纹有哪几种？传动螺纹有哪几种？
3. 什么是螺纹连接？其特点及基本类型有哪些？
4. 什么是螺纹连接的预紧？预紧方法有哪些？
5. 螺纹连接防松措施及方法有哪些？
6. 简述螺旋传动的优缺点。
7. 简述普通滑动螺旋的分类。

项目 3 链传动

如图 3—1 所示为常见的自行车，两个链轮通过一条传动链连接，靠链条与链轮之间的啮合力来驱动后轮前进。自行车中的链连接传递动力就是一个典型的链传动。如图 3—2 所示为链传动在石油钢管喷漆输送系统中的应用。

图 3—1 自行车

图 3—2 链传动的应用

任务 ❶ 认识链传动

一、链传动及其传动比

链传动是由链条和具有特殊齿形的链轮组成传递运动和（或）动力的传动。它是一种具有中间挠性件（链条）的啮合传动。如自行车传动链。

1. 链传动的组成

链传动的结构较简单，由主动链轮、链条和从动链轮组成，如图 3—3 所示。

2. 链传动的传动比

链传动的传动比 i 就是主动链轮的转速 n_1 与从动链轮的转速 n_2 之比值，也等于两链轮齿数 z_1、z_2 的反比。即

$$i_{12} = \frac{n_1}{n_2} = \frac{z_2}{z_1}$$

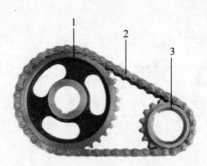

图 3—3　链传动的组成

1—主动链轮；2—链条；3—从动链轮。

式中：n_1、n_2——主、从动轮的转速（r/min）；

z_1、z_2——主、从动轮齿数。

二、链传动的应用特点

1. 链传动的主要优点

（1）没有滑动和打滑，能保持准确的平均传动比；

（2）传动尺寸紧凑；

（3）能在恶劣环境中工作，寿命长；

（4）不需很大张紧力，轴上载荷较小；

（5）传动功率大，效率较高；

（6）能在湿度大、温度高的环境工作；

（7）链传动能吸振与缓和冲击；

（8）结构简单，加工成本低廉，安装精度要求低；

（9）适合较大中心距的传动。

2. 链传动的主要缺点

（1）只能用于平行轴间的同向回转传动；

（2）由于链节的多边形运动，所以瞬时传动比是变化的，瞬时链速度不是常数，传动中会产生动载荷和冲击，因此不宜用于要求精密传动的机械上；

（3）链条的铰链磨损后，使链条节距变大，传动中链条容易脱落；

（4）工作时有噪声；

（5）对安装和维护要求较高；

（6）无过载保护作用。

通常情况下，链传动的传动比 $i \leqslant 8$，低速传动时 i 可达 10，两轴中心距 a 为 5m～6m，传动功率 $P \leqslant 100$kW，链条速度 $v \leqslant 15$m/s，高速时可达 20m/s～40m/s。

任务② 认识链传动的常用类型

链传动分为传动链、输送链、曳引起重链。我们只研究传动链，最常用的是滚子链和齿形链，其特点和应用见表 3—1。

表 3—1 常用链传动

类型		图例	特点与应用
传动链	滚子链		滚子链多用于一般机械中传递运动和动力，通常都在中等速度（$v \leqslant 20\text{m/s}$）以下工作。
	齿形链		齿形链也属于传动链，又称为无声链，适合高速传动。

一、滚子链

1. 滚子链的结构

滚子链又称套筒滚子链，其结构如图 3—4 所示。它是由内链板 1、外链板 2、销轴 3、套筒 4 和滚子 5 组成（见图 3—5）。销轴与外链板、套筒与内链板分别采用过盈配合固连，销轴与套筒、滚子与套筒之间为间隙配合相连，能够自由旋转。一方面链节间能自由相对转动；同时可以减轻链条与链轮啮合时的磨损。当传递功率较大时，也可采用多排链。但为了避免受力不均，一般多采用双排、三排（见图 3—6），最多不超过四排。

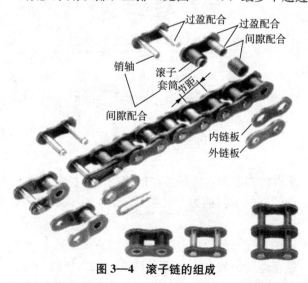

过盈配合　过盈配合
间隙配合
销轴
滚子
套筒　节距
间隙配合
内链板
外链板

图 3—4 滚子链的组成

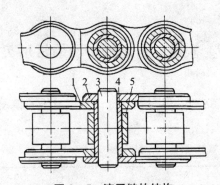

图3—5 滚子链的结构

1—内链板；2—外链板；3—销轴；4—套筒；5—滚子。

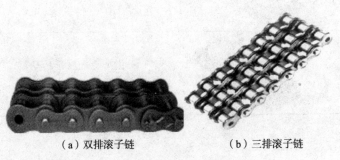

（a）双排滚子链   （b）三排滚子链

图3—6 滚子链排数

2. 滚子链的主要参数

（1）节距。链条的相邻两销轴中心线之间的距离，用符号 P 表示（见图3—7）。

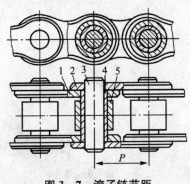

图3—7 滚子链节距

链的节距越大，承载能力越强，但链传动的结构尺寸也会相应增大，传动的振动、冲击和噪声也越严重。滚子链的承载能力与排数成正比，但排数越多，各排受力越不均匀，所以排数不能过多。

（2）节数。滚子链的长度用节数来表示。链节数应尽量选取偶数。

（3）链条速度。链条速度不宜过大，链条速度越大，链条与链轮间的冲击力就越大，会使传动不平稳，同时加速链条和链轮的磨损。一般要求链条速度不大于 15m/s。

（4）链轮的齿数。为保证传动平稳，减少冲击和动载荷，小链轮齿数 z_1 不宜过小，一般 z_1 应大于 17。大链轮的齿数 z_2 也不宜过多，齿数过多，除了增大传动尺寸和质量外，还会出现跳齿和脱链现象，通常 z_2 应小于 120。

由于链节数常取偶数，为使链条与链轮轮齿磨损均匀，链轮齿数一般应取与链节数互为质数的奇数。

二、齿形链

齿形链由一组带有齿的内、外链板左右交错排列，用铰链连接而成（见图 3—8）。

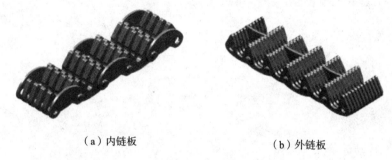

（a）内链板　　　　　　　　　　　　（b）外链板

图 3—8　齿形链

与滚子链相比较，齿形链传动平稳，传动速度高，承受冲击的性能好，噪声小（又称无声链）。但齿形链结构复杂，装拆较难，重量较大，其承压面宽度仅为链条宽度的一半，所以比压大，易磨损，成本较高。

任务 3　链传动实践训练

一、实训目的

1. 掌握套筒滚子链的标记代号及含义。
2. 掌握自行车滚子链的安装方法、松紧调试及日常维护。

二、实训要求

1. 安装实验室的永久牌自行车传动链。
2. 技能步骤：

（1）根据老师给定的自行车说明书选择合适的传动链，并填写所需传动链的型号。注意要理解传动链标记代号的含义。

（2）调整自行车两传动轮的位置，使两轮回转平面在同一铅垂面内，然后固定两链轮。

（3）根据两轮的中心距，利用实验提供的工具调整链条的长度，注意链条的增减方式和安装要求。

（4）调整好后安装传动链条，安装时注意紧边在上，松边在下，然后通过小带轮调整链条的松紧程度。调整完成后利用脚踏板转动链，判断传动松紧。

（5）确定链条安装完好后，对链条进行加油润滑。

（6）安装自行车链条的防护罩。

（7）对自行车传动机构进行检查并收拾好工量具。

三、设备和工具

锤子，旋具，自行车。

四、实训报告

填写实训报告。

思考与练习

1. 试述链传动的特点和应用。

2. 试述套筒滚子链的结构及选用。

3. "TG254A×2—100"、"TG127—50"代表什么含义？

项目 4　齿轮传动

齿轮传动不仅传动平稳、精确，同时效率也非常高。它传动速度最高可达 300m/s。因此，在所有机械传动中，齿轮传动应用最广，不仅在大型机械中使用，在精密机械的传动中也使用齿轮传动。如图 4—1 所示为齿轮在钟表和减速器中的使用。

图 4—1　齿轮传动的应用

任务 1　认识齿轮传动的类型、应用及特点

齿轮传动是指用主、从动轮轮齿直接啮合，传递运动和动力的装置。

一、齿轮传动的常用类型

齿轮传动的常用类型如图 4—2 所示。

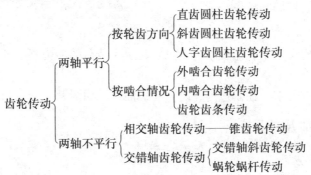

图 4—2

二、齿轮传动的应用及特点

1. 齿轮的传动比

齿轮传动的传动比是主动齿轮转速与从动齿轮转速之比，也等于两齿轮齿数之反比。

即
$$i_{12} = \frac{n_1}{n_2} = \frac{z_2}{z_1}$$

式中：n_1、n_2——主、从动轮转数（r/min）；

z_1、z_2——主、从动轮齿数。

齿轮的传动比不宜过大，否则会使结构尺寸过大，不利于制造和安装。通常，圆柱齿轮的传动比 $i \leqslant 8$，圆锥齿轮副的传动比 $i \leqslant 5$。

2. 应用特点

（1）齿轮传动与其他传动相比具有以下优点：

1）能保证瞬时传动比恒定，工作可靠性高，传递运动准确、可靠；

2）传递的功率和圆周速度范围较宽；

3）结构紧凑、可实现较大的传动比；

4）传动效率高，使用寿命长，维护简便。

（2）齿轮传动存在的缺点和不足：

1）运转过程中有振动、冲击和噪声；

2）齿轮安装要求较高；

3）不能实现无级变速；

4）不适宜用在中心距较大的场合。

任务2 认识渐开线齿廓

一、齿轮传动对齿廓曲线的基本要求

1. 传动要平稳

要求在齿轮传动过程中，应保证瞬时传动比恒定不变，以保持传动的平稳性，避免或减少传动中的冲击、振动和噪声。

2. 承载能力强

要求齿轮的结构尺寸小、体积小、重量轻，承受载荷的能力强。要求齿轮强度高，耐磨性好，寿命长。

根据这两点基本要求，在制造齿轮时，齿廓曲线采用渐开线型。

二、渐开线的形成及性质

1. 渐开线的形成

如图 4—3 所示，动直线沿着一个固定的圆作纯滚动时，此动直线上任意一点 K 的运

动轨迹 CK 称为渐开线，该圆称为渐开线的基圆，其半径以 r_b 表示，直线称为渐开线的发生线。

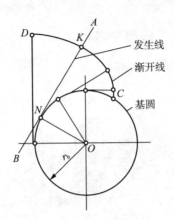

图 4—3 渐开线的形成

2. 渐开线齿轮

如图 4—4 所示，以同一个基圆上产生的两条反向渐开线为齿廓的齿轮称渐开线齿轮。

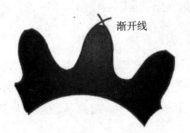

图 4—4 渐开线齿轮

3. 渐开线齿廓的性质

（1）发生线在基圆上滚过的线段长等于基圆上被滚过的弧长。

（2）渐开线上任意一点的法线必须切于基圆。

（3）渐开线的形状取决于基圆的大小。

（4）渐开线上各点的曲率半径不相等。

（5）渐开线上各点的齿形角（压力角）不等。

（6）渐开线的起始点在基圆上，基圆内无渐开线。

4. 渐开线齿廓的啮合特性

（1）能保持瞬时传动比的恒定。

（2）具有传动的可分离性。

任务❸ 认识直齿圆柱齿轮的基本参数和几何尺寸计算

一、渐开线标准直齿圆柱齿轮各部分名称

渐开线标准直齿圆柱齿轮各部分名称见图 4—5。

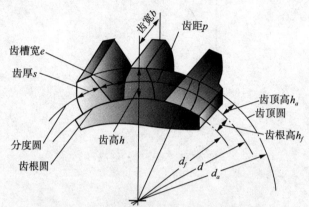

图 4—5　渐开线标准直齿圆柱齿轮各部分名称

二、渐开线标准直齿圆柱齿轮的基本参数

1. 标准齿轮的齿形角和压力角 α

齿形角——在端平面上，过端面齿廓上任意点 K 的径向直线与齿廓在该点处的切线所夹的锐角，用 α 表示。K 点的齿形角为 α_K，如图 4—6 所示。

渐开线齿廓上各点的齿形角不相等，K 点离基圆越远，齿形角越大，基圆上的齿形角 $\alpha = 0°$。

分度圆压力角——齿廓曲线在分度圆上的某点处的速度方向与曲线在该点处的法线方向（即力的作用线方向）之间所夹锐角，也用 α 表示。压力角已标准化，我国规定标准压力角是 $20°$。

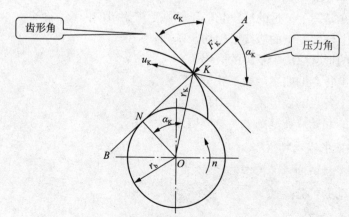

图 4—6　渐开线齿轮齿形角和压力角

2. 齿数 z

齿数是一个齿轮的轮齿总数。当模数一定时，齿数越多，齿轮几何尺寸越大，轮齿渐开线的曲率半径也越大，齿廓曲线趋于平直。

3. 模数 m

模数是齿距 p 除以圆周率 π 所得的商，即 $m = p / \pi$。

齿数相等的齿轮，模数越大，齿轮尺寸就越大，轮齿也越大，承载能力越大。

国家对模数已经标准化，见表 4—1。

表 4—1　　　　　　　　　　标准模数系列表（GB/T 1357—1987）

第一系列	0.1	0.12	0.15	0.2	0.25	0.3	0.4	0.5	0.6	0.8	
	1	1.25	1.5	2	2.5	3	4	5	6	8	
	10	12	16	20	25	32	40	50			
第二系列	0.35	0.7	0.9	1.75	2.25	2.75	(3.25)	3.5	(3.75)	4.5	5.5
	(6.5)	7	8	(11)	14	18	22	28	(30)	36	45

注：选用模数时，应优先采用第一系列，其次是第二系列，括号内的模数尽可能不用。

4. 齿顶高系数 h_a^*

对于标准齿轮，规定 $h_a = h_a^* m$，h_a^* 称为齿顶高系数。我国标准规定：正常齿 $h_a^* = 1$。

5. 顶隙系数 c^*

当一对齿轮啮合时，为使一个齿轮的齿顶面不与另一个齿轮的齿槽底面相抵触，轮齿的齿根高应大于齿顶高，即应留有一定的径向间隙，称为顶隙，用 c 表示（见图 4—7）。

对于标准齿轮，规定 $c = c^* m$，c^* 称为顶隙系数。我国标准规定：正常齿 $c^* = 0.25$。

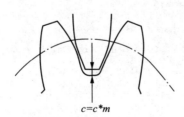

$c = c^* m$

图 4—7　顶隙系数

三、外啮合标准直齿圆柱齿轮的几何尺寸计算

常用外啮合标准直齿圆柱齿轮的几何尺寸计算公式见表 4—2。

表 4—2 外啮合标准直齿圆柱齿轮的几何尺寸计算公式

名称	代号	计算公式
齿形角	α	标准齿轮为 $20°$
齿数	z	通过传动比计算确定
模数	m	通过计算或结构设计确定
齿厚	s	$s=p/2=\pi m/2$
齿槽宽	e	$e=p/2=\pi m/2$
齿距	p	$p=\pi m$
基圆齿距	P_b	$P_b=p\cos\alpha=\pi m\cos\alpha$
齿顶高	h_a	$h_a=h_a^* m=m$
齿根高	h_f	$h_f=(h_a^*+c^*)m=1.25m$
齿高	h	$h=h_a+h_f=2.25m$
分度圆直径	d	$d=mz$
齿顶圆直径	d_a	$d_a=d+2h_a=m(z+2)$
齿根圆直径	d_f	$d_f=d-h_f=m(z-2.5)$
基圆直径	d_b	$d_b=d\cos\alpha$
标准中心距	a	$a=(d_1+d_2)/2=m(z_1+z_2)/2$
齿数比	u	$u=z_2/z_1$

注：短齿制的齿轮齿顶高系数 $h_a^*=0.8$，顶隙系数 $c^*=0.3$。

【例】 已知一对标准直齿圆柱齿轮的 $m=3mm$，$z_1=24$，$z_2=71$，$\alpha=20°$。试求齿轮的几何尺寸。

解：∵标准直齿圆柱齿轮齿轮

∴ $h_a^*=1$，$c^*=0.25$

$d_1=mz_1=3\times24mm=72mm$

$d_2=mz_2=3\times71mm=213mm$

$d_{a1}=m(z_1+2)=(24+2)\times3mm=78mm$

$d_{a2}=m(z_2+2)=(71+2)\times3mm=219mm$

$d_{f1}=d-h_{f1}=(21-2.5)\times3mm=55.5mm$

$d_{f2}=d-h_{f2}=(71-2.5)\times3mm=205.5mm$

$d_{b1}=d_1\cos\alpha=72\cos20°mm=67.78mm$

$d_{b2}=d_2\cos\alpha=213\cos20°mm=200.15mm$

$P=\pi m=3.14\times3mm=9.42mm$

$h_{a1}=h_{a2}=h_a^* m=m=3mm$

$h_{f1}=h_{f2}=1.25 m=1.25\times3=3.75mm$

$h_1=h_2=2.25m=2.25\times3=6.75mm$

$m(z_1+z_2)/2=3\times(24+71)/2mm=142.5mm$

四、渐开线直齿圆柱齿轮传动的正确啮合条件和连续传动条件

1. 渐开线直齿圆柱齿轮传动的正确啮合条件

为保证齿轮的正确安装，从理论上讲就是两齿轮在啮合线上齿距相等才能啮合（见图4—8）。从渐开线的性质可以证明模数和压力角必须相等才能平稳传动。

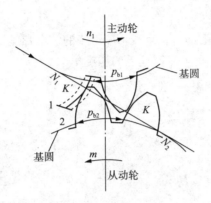

图4—8 正确啮合条件

一对渐开线直齿圆柱齿轮传动的正确啮合条件为：

（1）两齿轮的模数必须相等，即 $m_1 = m_2 = m$；

（2）分度圆上的齿形角相等，即 $\alpha_1 = \alpha_2 = \alpha$。

2. 连续传动条件

前一对轮齿尚未结束啮合，后继的一对轮齿已进入啮合状态才能保证齿轮连续传动（见图4—9）。

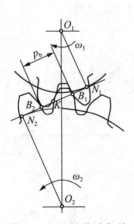

图4—9 连续传动条件

任务④ **认识其他齿轮传动**

一、斜齿圆柱齿轮传动

1. 斜齿圆柱齿轮的形成

当发生面沿基圆柱作纯滚动时,直线 BB 形成的一个螺旋形的渐开线曲面,称为渐开线螺旋面(见图 4—10)。β_b 称为基圆柱上的螺旋角。

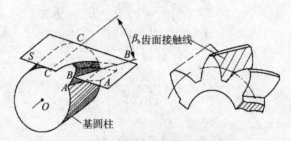

图 4—10 斜齿圆柱齿轮的形成

2. 斜齿圆柱齿轮传动的啮合性能

(1)轮齿的接触线先由短变长,再由长变短,承载能力大,可用于大功率传动。

(2)轮齿上的载荷逐渐增加,又逐渐卸掉,承载和卸载平稳,冲击、振动和噪声小。

(3)由于轮齿倾斜,传动中会产生一个轴向力。

(4)斜齿圆柱齿轮在高速、大功率传动中应用十分广泛。

3. 斜齿圆柱齿轮的主要参数和几何尺寸

斜齿轮分度圆柱面的展开图如图 4—11 所示。

端面:垂直于齿轮轴线的平面,用 t 作标记。

法面:与轮齿齿线垂直的平面,用 n 作标记。

β:斜齿圆柱齿轮螺旋角。

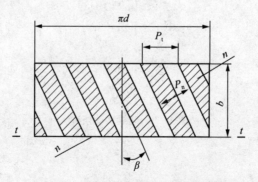

图 4—11 斜齿轮分度圆柱面的展开图

4. 斜齿圆柱齿轮的正确啮合条件

（1）法面模数（法向齿距除以圆周率 π 所得的商）相等，即 $m_{n1}=m_{n2}=m$。

（2）法面齿形角（法平面内，端面齿廓与分度圆交点处的齿形角）相等，即 $\alpha_{n1}=\alpha_{n2}=\alpha$，螺旋角相等，旋向相反，即 $\beta_1=-\beta_2$。

二、直齿圆锥齿轮传动

直齿轮传动应用于两轴线相交的场合，通常采用两轴相交角 $\Sigma=90°$，见图 4—12。圆锥齿轮按其轮齿齿长形状可分为直齿、斜齿、圆弧齿等几种。直齿圆锥齿轮应用较广；斜齿圆锥齿轮由于加工困难，应用很少，并逐渐被弧齿圆锥齿轮所代替；弧齿圆锥齿轮需要专门机床加工，但较直齿圆锥齿轮传动平稳、承载能力高，在汽车、拖拉机及煤矿机械中推广使用。

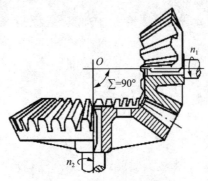

图 4—12 直齿圆锥齿轮传动

任务5 认识齿轮的失效

所谓齿轮的失效是指齿轮传动过程中，若轮齿发生折断、齿面损坏等现象，齿轮失去了正常的工作能力。主要失效形式有齿面点蚀、齿面胶合、齿面磨损、齿面塑变和轮齿折断。

一、齿面点蚀

点蚀多发生在靠近节线的齿根面上（见图 4—13）。

图 4—13 齿面点蚀

（1）引起原因：很小的面接触、循环变化，齿面表层就会产生细微的疲劳裂纹，微粒剥落下来而形成麻点。

（2）避免措施：提高齿面硬度。

二、齿面胶合

高速和低速重载的齿轮传动，容易发生齿面胶合（见图4—14）。

图4—14 齿面胶合

（1）引起原因：低速重载，齿面压力过大。

（2）避免措施：减小载荷，减少启动频率。

三、齿面磨损

齿面磨损是开式齿轮传动的主要失效形式（见图4—15）。

图4—15 齿面磨损

（1）引起原因：接触表面间有较大的相对滑动，产生滑动摩擦。

（2）避免措施：提高齿面硬度，降低表面粗糙度，改善润滑条件，加大模数，尽可能用闭式齿轮传动结构代替开式齿轮传动结构。

四、齿面塑变

当齿轮的齿面较软，在重载情况下，可能使表层金属沿着相对滑动方向发生局部的塑性流动，出现塑性变形（见图4—16）。

（1）引起原因：低速重载，齿面压力过大。

图 4—16　齿面塑变

（2）避免措施：减小载荷，降低启动频率。

五、轮齿折断

轮齿折断是开式传动和硬齿面闭式传动的主要失效形式之一（见图 4—17）。

图 4—17　轮齿折断

（1）引起原因：短时意外的严重过载，超过弯曲疲劳极限。

（2）避免措施：选择适当的模数和齿宽，采用合适的材料及热处理方法，减小表面粗糙度值，降低齿根弯曲应力。

任务6　主轴齿轮箱的拆卸和安装实践训练

一、实训目的

1. 掌握 CA6140 机床主轴箱齿轮的传动过程及维护周期。
2. 正确拆卸和安装主轴的传动齿轮，并实现其变速功能。
3. 熟悉齿轮的维护周期和方法。

二、实训要求

1. 对 CA6140 普通车床的主轴齿轮箱的齿轮进行拆卸和安装，并对车床主轴箱进行保养和维护。

2. 技能训练步骤：

（1）对照任务书分析技能训练的要求和工作过程，并根据任务内容领取工量具；

（2）对主轴箱防护罩的拆装和对箱内润滑油的引流；

（3）拆卸传动主轴上所有的齿轮并清理，对照图纸检查齿轮的尺寸，对磨损过大和失效的齿轮进行更换；

（4）在主轴箱上安装传动轴，并对轮齿的啮合进行调整；

（5）搬动主轴箱外的手柄，检查对应的齿轮是否换位到位；

（6）按要求加好主轴箱的润滑油，开动车床对齿轮进行周转润滑；

（7）停车安装主轴箱防护罩，填写维护表格；

（8）清理场地。

三、设备和工具

锤子，旋具，CA6140 主轴齿轮箱。

四、实训报告

填写实训报告。

思考与练习

1. 简述渐开线齿轮传动的特点。

2. 一对损坏的齿轮，齿顶圆无法测量，但知道其中心距 $a=52.5$mm，齿数 $z_1=18$，$z_2=24$，试求其几何参数。

3. 渐开线齿轮正确啮合的条件是什么？

4. 简述渐开线齿轮失效形式、引起原因及预防措施。

项目 5　蜗杆传动

蜗杆传动是蜗杆与蜗轮啮合传动，用于传递空间垂直交错两轴间的运动和动力的传动机构。蜗杆传动常用在原动机与工作机之间作为减速的传动装置。如应用于自动伸缩门（见图5—1（a））、观光电梯（见图5—1（b））等。

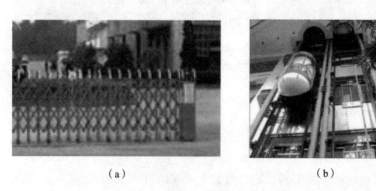

（a）　　　　　　　　　　（b）

图 5—1　蜗杆传动在生活中的应用

任务 1　认识蜗杆传动

一、蜗杆传动的组成

蜗杆传动由蜗杆和蜗轮组成（见图5—2），通常由蜗杆（主动件）带动蜗轮（从动件）转动，并传递运动和动力。

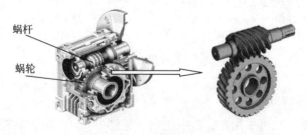

蜗杆

蜗轮

图 5—2　蜗杆传动

二、蜗杆传动的分类

蜗杆传动在各种机械传动中使用非常广泛，但作为主动件的蜗杆有各种不同的类型。

1. 按蜗杆形状分类

根据蜗杆形状的不同，蜗杆可分为圆柱蜗杆传动、环面蜗杆传动、锥蜗杆传动三种，如图 5—3 所示。其中常见的是圆柱蜗杆传动。

（a）　　　　　　　（b）　　　　　　　（c）

图 5—3　蜗杆的分类

2. 按蜗杆螺旋线方向分类

根据蜗杆螺旋线方向的不同，蜗杆可分为左旋蜗杆和右旋蜗杆。

3. 按蜗杆的头数分类

根据蜗杆螺旋线的条数不同，蜗杆可分为单头蜗杆和多头蜗杆。

三、蜗轮回转方向的判定

1. 判断蜗杆或蜗轮齿的旋向

判断蜗杆传动的旋向可采用右手法则（见图 5—4），即手心对着自己，四指顺着蜗杆或蜗轮轴线方向摆正，若齿向与右手拇指指向一致，则该蜗杆或蜗轮为右旋，反之则为左旋。

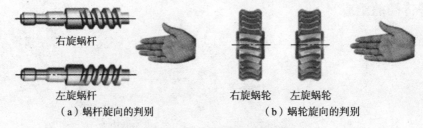

右旋蜗杆

左旋蜗杆

右旋蜗轮　　左旋蜗轮

（a）蜗杆旋向的判别　　　　　　（b）蜗轮旋向的判别

图 5—4　蜗杆传动旋向的判别

2. 判断蜗轮的回转方向

判断蜗轮的回转方向可采用左、右手法则（见图 5—5），左旋蜗杆用左手，右旋蜗杆用右手，用四指弯曲表示蜗杆的回转方向，拇指伸直代表蜗杆轴线，则拇指所指方向的相反方向即为蜗轮上啮合点的线速度方向。

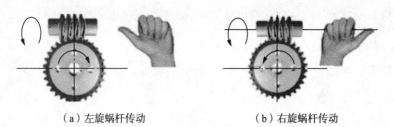

（a）左旋蜗杆传动　　　　　　　（b）右旋蜗杆传动

图 5—5　蜗轮回转方向判别

四、蜗杆传动的特点

（1）蜗杆传动的最大特点是结构紧凑、传动比大。

一般情况下蜗杆传动的传动比 $i=10\sim80$，传动机构结构紧凑，体积较小。在分度机构中，传动比 i 可达 $600\sim1\,000$。这样的传动比用齿轮传动是很难实现的。

（2）蜗杆传动机构传动平稳，噪声小。

由于蜗杆齿连续不断地与蜗轮齿啮合，所以传动平稳，没有冲击，没有振动，噪声小。

（3）容易实现自锁，有安全保护作用。

（4）效率低，发热量大。

（5）制造成本高。

任务 2　分析蜗杆传动的主要参数

一、蜗杆传动的主要参数

在蜗杆传动中，其几何参数及尺寸计算均以中间平面为准。通过蜗杆轴线并与蜗轮轴线垂直的平面称为中间平面（见图 5—6）。

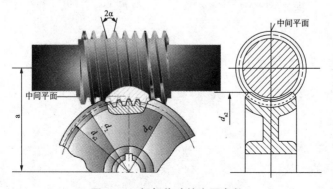

图 5—6　蜗杆传动的主要参数

1. 模数 m、齿形角 α

蜗杆的轴面模数 m_{x1} 和蜗轮的端面模数 m_{t2} 相等，且为标准值。

$$m_{x1}=m_{t2}=m$$

蜗杆的轴面齿形角 α_{x1} 和蜗轮的端面齿形角 α_{t2} 相等，且为标准值。

$$\alpha_{x1}=\alpha_{t2}=\alpha=20°$$

2. 蜗杆分度圆导程角 γ

蜗杆分度圆导程角是指蜗杆分度圆柱螺旋线的切线与端平面之间的锐角。如图 5—7 所示，$\gamma=\arctan(z_1\, px\, /\pi d_1)=\arctan(z_1 m\, /\, d_1)$。

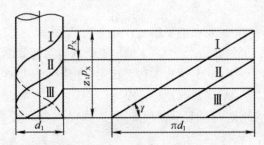

图 5—7　蜗杆分度圆导程角 γ

3. 蜗杆分度圆直径 d_1 和蜗杆直径系数 q

切制蜗轮的滚刀，其分度圆直径、模数和其他参数必须与该蜗轮相配的蜗杆一致，齿形角与相配的蜗杆相同。

为了使刀具标准化，限制滚刀的数目，对一定模数 m 的蜗杆的分度圆直径 d_1 作了规定，即规定了蜗杆直径系数 q，且 $q=d_1/m$。

4. 蜗杆头数 z_1 和蜗轮齿数 z_2

蜗杆头数 z_1：根据蜗杆传动的传动比和传动效率来选定，一般推荐选用 $z_1=1$、2、4、6。

蜗轮齿数 z_2：根据 z_1 和传动比 i 来确定，一般推荐 $z_2=29\sim80$。

5. 蜗杆传动的传动比 i

蜗杆传动的传动比 $i=n_1/n_2$，蜗杆为主动件的减速运动中

$$i=n_1/n_2=z_2/z_1$$

式中：n_1——蜗杆转速；

　　　n_2——蜗轮转速；

　　　z_1——蜗杆的头数；

　　　z_2——蜗轮的齿数。

二、蜗杆传动的正确啮合条件

(1) 在中间平面内，蜗杆的轴面模数 m_{x1} 和蜗轮的端面模数 m_{t2} 相等，即：$m_{x1}=m_{t2}$。

(2) 在中间平面内，蜗杆的轴面齿形角 α_{x1} 和蜗轮的端面齿形角 α_{t2} 相等，即：$\alpha_{x1}=\alpha_{t2}$。

(3) 蜗杆分度圆导程角 γ_1 和蜗轮分度圆柱面螺旋角 β_2 相等，旋向一致，即：$\gamma_1=\beta_2$。

任务 3 认识蜗杆、蜗轮的材料和结构

一、蜗轮、蜗杆的材料

蜗杆在低中速时采用 45 钢调质，高速时采用 40Cr、40MnB、40MnVB 调质后表面淬火。

一般蜗轮材料多采用摩擦因数较低、抗胶合性较好的锡青铜、铝青铜或黄铜，低速可采用铸铁（HT150，HT200）等。

二、蜗杆、蜗轮的结构形式

1. 蜗杆的结构形式

蜗杆螺纹部分直径不大时，一般和轴做成一体（见图 5—8）。

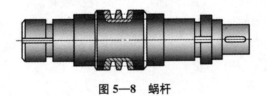

图 5—8 蜗杆

2. 蜗轮的结构形式

蜗轮的结构形式有以下几种：

(1) 齿圈式（见图 5—9）。齿圈用青铜制成，轮芯由铸铁制成，用螺钉固定。

(2) 螺栓式（见图 5—10）。一般多为铰制孔用螺栓连接，这种结构装拆方便，常用尺寸较大或容易磨损的蜗轮。

图 5—9 齿圈式蜗轮   图 5—10 螺栓式蜗轮

(3) 整体式（见图 5—11）。主要用于铸铁蜗轮和尺寸较小（$D_2<100\text{mm}$）的青铜蜗轮。

（4）镶铸式（见图5—12）。将青铜轮缘铸在铸铁轮芯上，轮芯上制出榫槽，以防轴向滑动。

图5—11　整体式蜗轮　　　　图5—12　镶铸式蜗轮

任务4　认识蜗杆传动的润滑和散热

对连续工作的蜗杆传动应进行充分的润滑和散热。

一、蜗杆传动的润滑

润滑对蜗杆传动特别重要，因为润滑不良时，蜗杆传动的效率将显著降低，并会导致剧烈的磨损和胶合。润滑的目的就是提高传动效率、降低工作温度、减少磨损、避免胶合等情况出现。通常采用黏度较大的润滑油，为提高其抗胶合能力，可加入油性添加剂以提高油膜的刚度，但青铜蜗轮不允许采用活性大的油性添加剂，以免被腐蚀。

选择润滑方式：若为开式蜗杆传动，可以采用齿轮油或润滑脂直接加注润滑；闭式蜗杆传动可用油池润滑或压力喷油润滑。

二、蜗杆传动的散热

蜗杆传动效率低，发热量大，若产生的热量不能及时散逸，将使油温升高，油黏度下降，油膜破坏，磨损加剧，甚至产生胶合破坏。因此对连续工作的蜗杆传动应采取散热措施。

当工作油温 $t > 80℃$ 或散热面积不足时，应采取散热措施。散热方式主要有风扇冷却、蛇形管冷却和压力喷油冷却三种（见图5—13）。

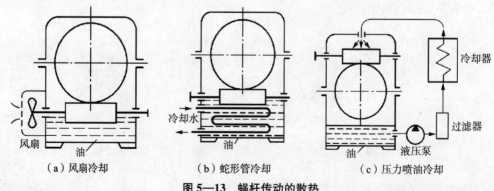

（a）风扇冷却　　　　　（b）蛇形管冷却　　　　　（c）压力喷油冷却

图5—13　蜗杆传动的散热

蜗杆传动实践训练

一、实训目的

1. 掌握蜗轮蜗杆传动方向的判别。
2. 熟悉数控车床回转刀架的结构和传动原理。
3. 正确组装数控车床的回转刀架，并调试。

二、实训要求

1. 根据提供的数控车床刀架台传动机构图，正确安装和调试数控刀架台，并实现其功能。

2. 技能训练步骤：

(1) 读懂装配图及要求，准备好所有装备工具及零部件；

(2) 对所有零部件进行清洗，为传动部件上润滑油；

(3) 装配外齿圈；

(4) 安装反靠板盘、防护圈；

(5) 安装定轴、蜗轮、蜗杆和轴承，并用螺钉固定位置；

(6) 安装蜗杆、轴承盖、连接座、电机和电机罩；

(7) 夹住反靠销顺时针旋转上刀体；

(8) 安装离合盘、离合销及弹簧；

(9) 安装轴承和键，拧紧止退圈和大螺母；

(10) 安装刀架的发讯盘、小螺母及刀位线；

(11) 安装铝盘和罩座；

(12) 用内六角扳手逆时针转动蜗杆，使离合盘拧紧，安装闷头；

(13) 通电调试功能，清理场地。

三、设备和工具

锤子，旋具，数控车床刀台。

四、实训报告

填写实训报告。

◎ 思考与练习

1. 蜗杆传动正确的啮合条件有哪些？
2. 如何判别蜗杆传动中蜗轮的转向并画出图示？
3. 蜗杆传动的润滑和散热方式各是什么？

项目6 轮系

在现代机械中，为了满足工作的需求，往往需要一系列齿轮的传动。例如：桥架类起重机小车运行机构要求将电动机的高转速通过减速器变为小车的低转速；机床通过变速器实现主轴的多种转速；汽车转弯半径不同使两个后轮获得不同的转速，需要一系列齿轮组成的差速器来完成。上述机械中的减速器、变速器和差速器，都是用一系列互相啮合的齿轮将主动轴的运动传到从动轴。这种由一系列齿轮组成的传动系统称为齿轮系，简称轮系（见图6—1）。

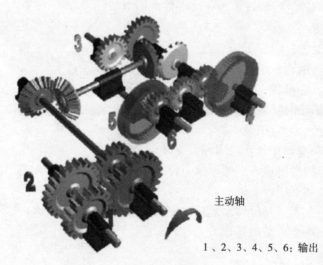

主动轴

1、2、3、4、5、6：输出

图6—1 轮系

任务① 认识轮系

一、轮系的分类

轮系的结构形式很多，根据轮系运转时各齿轮的几何轴线在空间的相对位置是否固定，轮系可分为定轴轮系（见图6—2）和周转轮系（见图6—3）两大类。

图 6—2　定轴轮系　　　　图 6—3　周转轮系

1. 定轴轮系

传动时，轮系中各齿轮的几何轴线位置都是固定的轮系称为定轴轮系。即在运行时，各个齿轮绕自身的轴线旋转，轴线不做任何运动。定轴轮系又称普通轮系。

2. 周转轮系

传动时，轮系中至少有一个齿轮的几何轴线位置不固定，而是绕着其他定轴齿轮轴线回转，这种轮系称为周转轮系。

周转轮系分为行星轮系与差动轮系两种。

周转轮系是由中心轮、行星轮和行星架组成的。外齿轮、内齿轮（齿圈）位于中心位置，绕着轴线回转称为中心轮；齿轮同时与中心轮和齿圈相啮合，其既做自转又做公转称为行星轮；支持行星轮的构件称为行星架。

周转轮系中，若将中心轮 3（或 1）固定，即有一个中心轮的转速为零，此种轮系称为行星轮系（见图 6—4）。

周转轮系的两个中心都能转动，需要两个原动件的称差动轮系（见图 6—5）。差动轮系的中心轮的转速都不为零。

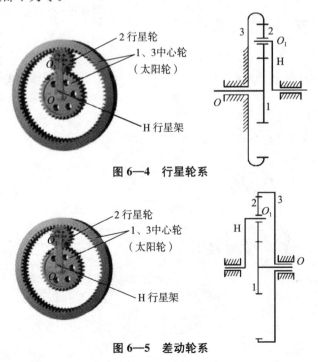

图 6—4　行星轮系

图 6—5　差动轮系

二、轮系的应用特点

（1）轮系可获得很大的传动比。

（2）轮系可做较远距离的传动。当两轴中心距较远时，如仅用一对齿轮传动，则齿轮尺寸必然太大，此时可采用轮系。

（3）轮系可实现变速要求。

（4）轮系可实现改变从动轴回转方向。如机床主轴有时正转，有时反转，此时可利用惰轮等来实现正反转。

（5）轮系可实现运动的合成或分解。采用周转轮系可将两个独立运动分成一个运动，或将一个独立运动分解为两个独立运动。

任务2 掌握定轴轮系及其计算

一、定轴轮系中各轮转向的判断

1. 圆柱齿轮啮合

如图6—6所示为一圆柱外啮合齿轮传动，转向用画箭头的方法表示，主、从动轮转向相反时，两箭头指向相反。当一对圆柱齿轮内啮合时，两齿轮的旋转方向相同（见图6—7）。

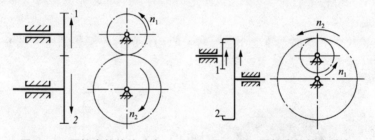

图6—6　圆柱齿轮的外啮合　　　图6—7　圆柱齿轮的内啮合

2. 圆锥齿轮啮合

图6—8为圆锥齿轮啮合传动简图，用箭头表示两箭头指向相背（如齿轮3′与齿轮4）或相向啮合点（如齿轮4′与齿轮5）。

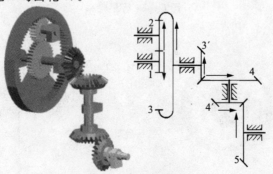

图6—8　圆锥齿轮啮合

3. 蜗杆啮合传动

图6—9为蜗杆啮合传动简图，蜗轮蜗杆传动方向的判别见项目5。

轮系中含有圆锥齿轮、蜗轮蜗杆或齿轮齿条时，只能用标注箭头的方法表示（见图6—10）。

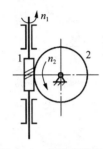

图6—9 蜗轮蜗杆啮合

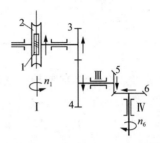

图6—10 轮系方向判别示例

二、定轴轮系的传动比

将轮系中首轮与末轮的转速之比称为轮系的传动比。

如图6—11所示，定轴轮系传动比计算为：传动比 i_{19} 是由轮系中各相互啮合齿轮的传动比形成，即由 i_{12}，i_{23}，i_{45}，i_{67}，i_{89} 组成。根据齿轮传动比计算公式可得：

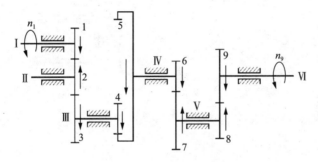

图6—11 轮系传动比计算

$$i_{12}=\frac{n_1}{n_2}=-\frac{z_2}{z_1}, \quad i_{23}=\frac{n_2}{n_3}=-\frac{z_3}{z_2}, \quad i_{45}=\frac{n_4}{n_5}=+\frac{z_5}{z_4}, \quad i_{67}=\frac{n_6}{n_7}=-\frac{z_7}{z_6},$$

$$i_{89}=\frac{n_8}{n_9}=-\frac{z_9}{z_8}$$

则

$$i_{19}=i_{12}\times i_{23}\times i_{45}\times i_{67}\times i_{89}$$

$$=\frac{n_1}{n_2}\times\frac{n_2}{n_3}\times\frac{n_4}{n_5}\times\frac{n_6}{n_7}\times\frac{n_8}{n_9}$$

$$=\left(-\frac{z_2}{z_1}\right)\times\left(-\frac{z_3}{z_2}\right)\times\left(+\frac{z_5}{z_4}\right)\times\left(-\frac{z_7}{z_6}\right)\times\left(-\frac{z_9}{z_8}\right)$$

简化后可得

$$i_{19} = \frac{i_1}{i_9}(-1)^4 \frac{z_3 z_5 z_7 z_9}{z_1 z_4 z_6 z_8}$$

由以上推导可知，轮系的传动比等于轮系中所有从动齿轮齿数的连乘积与所有主动齿轮齿数的连乘积之比。即

$$i_{总} = i_{1k} = (-1)^m \frac{各级齿轮副中从动齿轮齿数的连乘积}{各级齿轮副中主动齿轮齿数的连乘积}$$

式中，$(-1)^m$（m 为外啮合齿轮对数）在计算中表示轮系首末两轮回转方向的异同，计算结果为正，两轮回转方向相同；计算结果为负，两轮回转方向相反，但用 $(-1)^m$ 来确定末轮回转方向的方法，只适用于平行轴圆柱齿轮传动的轮系。

【例】 如图 6—12 所示轮系，已知 $z_1 = 24$，$z_2 = 28$，$z_3 = 20$，$z_4 = 60$，$z_5 = 20$，$z_6 = 20$，$z_7 = 28$，齿轮 1 为主动件。分析该轮系的传动路线并求传动比 i_{17}；若齿轮 1 转向已知，试判定齿轮 7 的转向。

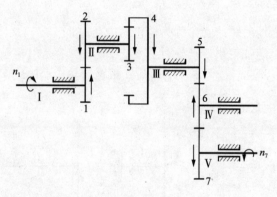

图 6—12

解：由公式知道

$$i_{17} = \frac{n_1}{n_7} = \left(-\frac{z_2}{z_1}\right) \times \left(+\frac{z_4}{z_3}\right) \times \left(-\frac{z_6}{z_5}\right) \times \left(-\frac{z_7}{z_6}\right)$$

$$= -\frac{28 \times 60 \times 20 \times 28}{24 \times 20 \times 20 \times 20} = -4.9$$

三、惰轮的应用

在轮系中既是从动轮又是主动轮，对总传动比毫无影响，但却起到了改变齿轮副中从动轮回转方向的作用，像这样的齿轮称为惰轮（见图 6—13）。惰轮常用于传动距离稍远和需要改变转向的场合。

四、定轴轮系末端带移动件的计算

定轴轮系在实际应用中，经常遇到末端带有移动件的情形，如末端是螺旋传动或齿轮

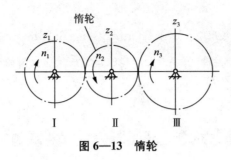

图 6—13 惰轮

齿条传动等。一般是计算末端移动件的移动距离或速度，如螺母（或丝杠）、齿轮（或齿条）的移动距离或速度。此时可利用上述公式计算出末轮的转速，再乘以每转移动距离，即

$$v = n_k L$$

式中：v——末轮线速度；

n_k——末轮转速；

L——每转移动距离，若螺旋传动时为导程，齿轮、齿条时为 $\pi m z_k$，滚轮时为 πD。

【例】 图 6—14 为卷扬机的传动系统，末端为蜗杆传动。已知 $z_1 = 18$，$z_2 = 36$，$z_3 = 20$，$z_4 = 40$，$z_5 = 2$，$z_6 = 50$，鼓轮直径 $D = 200\text{mm}$，$n_1 = 1\,000\text{r/min}$，试求蜗轮的转速 n_6 和重物 G 的移动速度 v，并确定提升重物时 n_1 的回转方向。

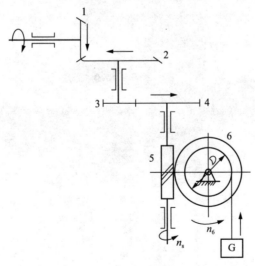

图 6—14 卷扬机传动系统

解： 蜗轮的转速

$$n_6 = n_1 \frac{z_1 z_3 z_5}{z_2 z_4 z_6} = 1\,000 \times \frac{18 \times 20 \times 2}{36 \times 40 \times 50} = 10\text{r/min}$$

重物 G 的移动速度

$$v = \pi D n_6 = 3.14 \times 200 \times 10 = 6\ 280\,\text{mm/min} = 6.28\,\text{m/min}$$

由重物 G 提升可确定蜗轮回转方向，根据蜗杆为右旋，可确定蜗杆回转方向，再用画箭头的方法即可确定 n_1 的回转方向。

任务❸ 减速器的拆装实践训练

一、实验目的

对减速器进行拆装，了解减速器的功用，进一步加强对齿轮结构以及齿轮啮合传动的认识。

二、实验要求

观察图 6—15，由实训指导教师讲解减速器的结构和作用。班级学生分成若干组，每一组学员对一个减速器进行拆卸和装配，并进行记录。

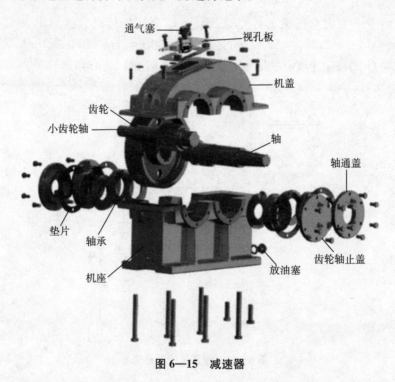

图 6—15　减速器

三、设备和工具

1. 减速器若干。

2. 旋具、活扳手、成套呆扳手、锤子、铜棒等。

四、实验报告

填写实训报告。

思考与练习

1. 什么是轮系? 轮系分哪些类型?

2. 简述轮系的应用特点。

3. 简述蜗轮蜗杆方向的判别。

4. 什么是惰轮? 惰轮有什么作用?

5. 如图 6—16 所示，已知：$z_1=26$，$z_2=51$，$z_3=42$，$z_4=29$，$z_5=49$，$z_6=36$，$z_7=56$，$z_8=43$，$z_9=30$，$z_{10}=90$，轴 I 的转速 $n_1=200r/min$。试求当轴 III 上的三联齿轮分别与轴 II 上的 3 个齿轮啮合时，轴 IV 的三种转速。

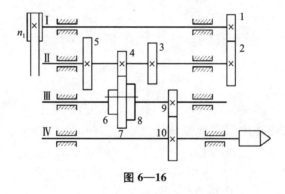

图 6—16

6. 已知：$z_1=28$，$z_2=56$，$z_3=38$，$z_4=57$，丝杆为 Tr50×3。当手轮回转速度 $n_1=50r/min$ 且回转方向如图 6—17 所示，试计算砂轮架的移动速度。

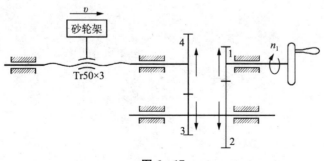

图 6—17

项目7　平面连杆机构

平面连杆机构是许多构件用低副（转动副和移动副）连接组成的平面机构。平面连杆机构耐磨损、制造简便，易于获得较高的制造精度，因此，它在各种机械和仪器中获得广泛应用。

平面连杆机构中最常用的是四杆机构，它的构件数目最少，且能转换运动。多于四杆的平面连杆机构称为多杆机构，它能实现一些复杂的运动，但杆多且稳定性差。

任务1　认识平面连杆机构

一、平面连杆机构概述

平面连杆机构是将各构件用转动副或移动副连接而成的平面机构。最简单的平面连杆机构是由四个构件组成的，称为平面四杆机构。它的应用非常广泛，而且是组成多杆机构的基础。图7—1为脚踏缝纫机的踏板机构，其传动路线为：操作者踩踏踏板使得摇杆进行往复摇摆，从而带动连杆，使得带轮进行回转运动。

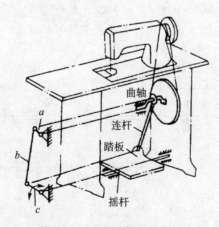

图7—1　平面四杆机构示例

二、平面连杆机构的特点

平面连杆机构由于组成运动副的两构件之间为面接触，因而承受的压强小、便于润滑、磨损较轻，可以承受较大的载荷；构件形状简单，加工方便，工作可靠；在主动件等速连续运动的条件下，当各构件的相对长度不同时，从动件实现多种形式的运动，满足多种运动规律的要求（形成不同的机构）。它的主要缺点是不适用于高速的场合。

任务 2 认识铰链四杆机构

一、铰链四杆机构的组成

全部用回转副组成的平面四杆机构称为铰链四杆机构，如图 7—2 所示。机构的固定件 4 称为机架；与机架用回转副相连接的杆 1 和杆 3 称为连架杆；不与机架直接连接的杆 2 称为连杆。能作整周转动的连架杆称为曲柄。仅能在小于 360°的某一角度摆动的连架杆称为摇杆。

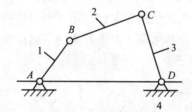

图 7—2 铰链四杆机构

二、铰链四杆机构的分类

对于铰链四杆机构来说，机架和连杆总是存在的，因此可按照连架杆是曲柄还是摇杆，将铰链四杆机构分为三种基本类型：曲柄摇杆机构、双曲柄机构和双摇杆机构。

1. 曲柄摇杆机构

在铰链四杆机构中，若两个连架杆中，一个为曲柄，另一个为摇杆，则此铰链四杆机构称为曲柄摇杆机构。如剪板机、汽车雨刮器（见图 7—3）、筛砂机、搅拌机、碎石机、打谷机、缝纫机等。

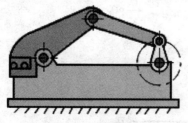

（a）剪板机　　　　　　　　（b）汽车雨刮器

图 7—3 曲柄摇杆机构的应用

2. 双曲柄机构

两个连架杆均为曲柄的铰链四杆机构称为双曲柄机构。在双曲柄机构中，通常主动曲柄作等速转动，从动曲柄作变速转动。如惯性筛、天平（见图7—4）、汽车启动门等。

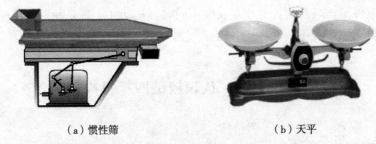

（a）惯性筛　　　　　　　　　　（b）天平

图7—4　双曲柄机构的应用

双曲柄机构中，用得最多的是平行双曲柄机构，或称平行四边形机构，它的连杆与机架的长度相等，且两曲柄的转向相同、长度相等。由于这种机构两曲柄的角速度始终保持相等，且连杆始终作平动，故应用较广。例如在图7—5（a）中，当曲柄1由AB_2转到AB_3时，从动曲柄3可能转到DC_3'，也可能转到DC_2'。为了消除这种运动不确定现象，除可利用从动件本身或其上的飞轮惯性导向外，还可利用错列机构或辅助曲柄等措施来解决。机车驱动轮联动机构，就是利用第三个平行曲柄（辅助曲柄）来消除平行四边形机构在这个位置运动时的不确定状态。

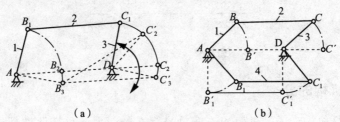

（a）　　　　　　　　　　　　　（b）

图7—5　平行四边形机构

3. 双摇杆机构

两个连架杆均为摇杆的铰链四杆机构称为双摇杆机构。如图7—6所示，连架杆AB和DC只能在某一角度内摆动，即不存在曲柄。

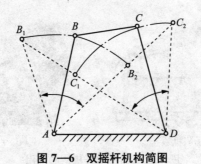

图7—6　双摇杆机构简图

双摇杆机构常见应用如电风扇的摇头机构和起重机的起重装置,如图7—7所示。

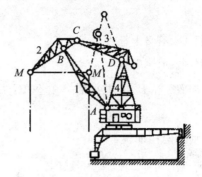

（a）电风扇的摇头机构　　　　　　　　（b）鹤式起重

图7—7　双摇杆机构的应用

三、铰链四杆机构的判别

判别铰链四杆机构的类型主要看是否存在曲柄,而连架杆能否成为曲柄,则取决于机构中各杆件的相对长度和最短杆件所处的位置。可按下述方法判断铰链四杆机构的类型:

（1）若铰链四杆机构中最短杆与最长杆长度之和小于或等于其余两杆长度之和,则:

1）取最短杆为连架杆时,构成曲柄摇杆机构;

2）取最短杆为机架时,构成双曲柄机构;

3）取最短杆为连杆时,构成双摇杆机构。

（2）若最短杆与最长杆长度之和大于其余两杆长度之和,则无论取哪一根杆为机架都只能构成双摇杆机构。

任务❸　分析铰链四杆机构的基本性质

一、曲柄存在的条件

如图7—8所示,当构件 AB 与 BC 在 B_1 点共线时,由 $\triangle AC_1D$ 可得:

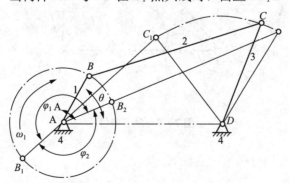

图7—8　铰链四杆机构的极限位置

杆 2－杆 1＋杆 3＞杆 4 或 杆 2－杆 1＋杆 4＞杆 3

亦即

$\qquad$ 杆 1＋杆 2＜杆 3＋杆 4 $\qquad$ ①

$\qquad$ 杆 1＋杆 3＜杆 2＋杆 4 $\qquad$ ②

若构件 AB 与 BC 在 B_2 点共线时，由 $\triangle AC_2D$ 可得：

$\qquad$ 杆 1＋杆 2＜杆 3＋杆 4 $\qquad$ ③

将①②③分别两两相加得：

$\qquad$ 杆 1＜杆 3；杆 1＜杆 2；杆 1＜杆 4

根据分析可得曲柄存在的条件：

(1) 连架杆与机架中必有一杆为四杆机构中的最短杆；

(2) 最短杆与最长杆杆长之和应小于或等于其余两杆之和（通常称此为杆长和条件）。

曲柄存在的条件是判断铰链四杆机构类型的依据。

二、急回运动特性

如图 7—9 所示为一曲柄摇杆机构，曲柄 AB 为原动件，当它回转一周时，曲柄与连杆出现两次共线。此时摇杆 CD 处于两直线位置 C_1D 和 C_2D。这两个极限位置称为极位，对应位置所夹的极位夹角，用 θ 表示。若曲柄以等角速度 ω_1 逆时针转 $\varphi_1=180°+\theta$ 时，摇杆由位置 C_2D 摆到 C_1D，摆角为 φ，所用时间为 t_1，平均速度为 v_1。同理，当曲柄继续转过 $\varphi_2=180°-\theta$ 时，杆由位置 C_1D 摆到 C_2D，此时摆角依然为 φ，所用时间为 t_2，平均速度为 v_2。可以看出，摇杆往复摆动的摆角 φ 相同，但是相应的曲柄转角不等，$\varphi_1>\varphi_2$，而曲柄又是以等速转动的，所以 $t_1>t_2$，$v_2>v_1$。而此时的摇杆往复摆动的弧长依然是 C_1C_2。也就是说，摇杆的返回速度较快，我们就称它具有"急回特性"。

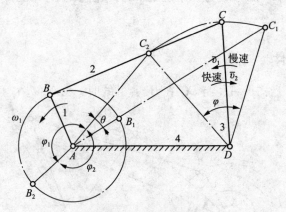

图 7—9　急回特性

机构的急回特性可用行程速比系数 K 表示：

$$K = \frac{v_2}{v_1} = \frac{t_1}{t_2} = \frac{180° + \theta}{180° - \theta}$$

极位夹角 θ 越大，机构的急回特性越明显。机械工作往往有工作行程和空行程，急回特性有利于提高这些机械的工作效率，如牛头刨床、插床等。

三、死点

如图 7—10 所示为曲柄摇杆机构，设摇杆 CD 为主动件，曲柄 AB 为从动件，当曲柄转至 B_1 和 B_2 时，连杆与从动件 AB 共线，由于力恰好通过其回转中心，此力对 A 点不产生力矩，致使构件 AB 出现不转动或倒转的现象，此时机构的位置称为死点。死点位置并非只出现在曲柄摇杆机构中，凡是四杆机构中从动件与连杆共线都会出现死点。

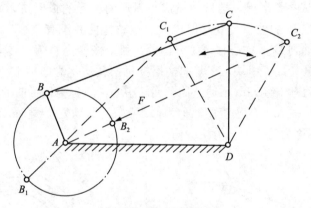

图 7—10 死点

死点位置会使得机构的从动件出现卡死或运动不确定的现象。为了使机构能顺利通过死点继续运转，可采用机构错位排列（如蒸汽机机车车轮组）的办法或加大惯性（如缝纫机脚踏机构）的办法闯过死点。

并非所有的死点都有害，在某些场合却利用死点来实现工作要求。如图 7—11 所示钻床夹紧机构，工件夹紧后，BCD 成一直线，撤去外力 F 之后，机构在工件反弹力 T 的作用下，处于死点位置。即使反弹力很大，工件也不会松脱，使夹紧牢固可靠。

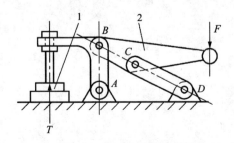

图 7—11 钻床夹紧机构

任务④ 认识铰链四杆机构的演化

在实际机械中，平面连杆机构的形式是多种多样的，但其中绝大多数是在铰链四杆机构的基础上发展和演化而成的。

一、曲柄滑块机构

如图 7—12（a）所示的曲柄摇杆机构中，摇杆 3 上 C 点的轨迹是以 D 为圆心，杆 3 的长度 L_3 为半径的圆弧 mm。如将转动副 D 扩大，使其半径等于 L_3'，并在机架上按 C 点的近似轨迹 mm 做成一弧形槽，摇杆 3 做成与弧形槽相配的弧形块，如图 7—12（b）所示。此时虽然转动副 D 的外形改变，但机构的运动特性并没有改变。若将弧形槽的半径增至无穷大，则转动副 D 的中心移至无穷远处，弧形槽变为直槽，转动副 D 则转化为移动副，构件 3 由摇杆变成了滑块，于是曲柄摇杆机构就演化为曲柄滑块机构，如图 7—12（c）所示。此时移动方位线 mm 不通过曲柄回转中心，故称为偏置曲柄滑块机构。曲柄转动中心至其移动方位线 mm 的垂直距离称为偏距 e，当移动方位线 mm 通过曲柄转动中心 A 时（即 $e＝0$），则称为对心曲柄滑块机构。

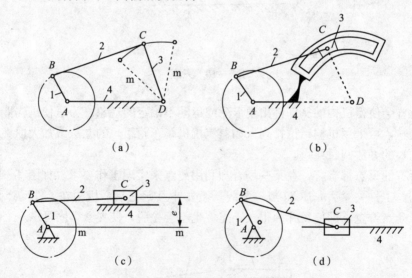

图 7—12　曲柄滑块机构的演化

曲柄滑块机构的应用常见的有内燃机气缸（见图 7—13（a））、冲压机（见图 7—13（b））等。

二、导杆机构

导杆机构可以看作是在曲柄滑块机构中选取不同构件为机架演化而成的。其特点是连架杆中至少有一个构件为导杆。

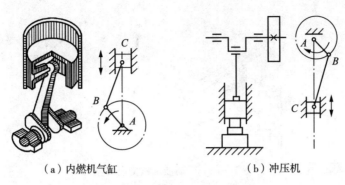

（a）内燃机气缸　　　　　　　　（b）冲压机

图7—13　曲柄滑块机构的应用

如图7—14（a）所示为曲柄滑块机构，如将其中的曲柄1作为机架，连杆2作为主动件，则连杆2和构件4将分别绕铰链B和A作转动，如图7—14（b）所示。若$AB<BC$，则杆2和杆4均可作整周回转，故称为转动导杆机构。

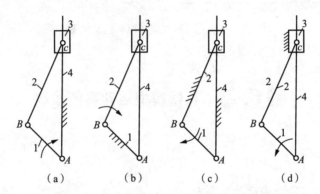

　（a）　　　　　（b）　　　　　（c）　　　　　（d）

图7—14　曲柄滑块机构向导杆机构的演化

常见的导杆机构有：

(1) 摆动导杆机构，如牛头刨床主运动机构（见图7—15）；

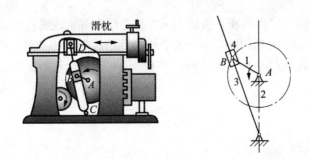

图7—15　牛头刨床主运动机构及简图

(2) 移动导杆机构，如手动抽水机构（见图7—16）；

(3) 曲柄摇块机构，如自卸汽车卸料机构（见图7—17）。

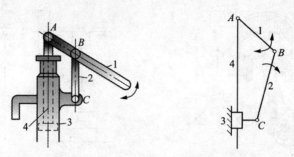

图 7—16　手动抽水机构及简图

图 7—17　自卸汽车卸料机构及简图

任务 5　机器模型运动简图绘制

一、实训目的

1. 理解与应用有关机构运动简图方面的知识。

2. 掌握测量实际构件尺寸和绘制机构运动简图的技能。

3. 判断机构的运动是否确定。

二、实训要求

1. 了解各测绘模型内燃机和牛头刨床的机械功用及可实现哪些运动转换。

2. 找出机架和主、从动构件，根据接触情况确定运动副的类型和数目。

3. 按照选定的比例尺和构件尺寸画出机构运动简图或示意图（运动简图不按比例尺画则为示意图）。

三、设备和工具

1. 机械实物或机构模型。

2. 钢板尺、卡钳、铅笔、橡皮、草稿纸。

四、实训报告

填写实训报告。

思考与练习

1. 什么是平面连杆机构？它有哪些基本类型？

2. 简述铰链四杆机构各构件的名称及组成。

3. 图 7—18 中的四杆机构属于什么基本类型机构？为什么？

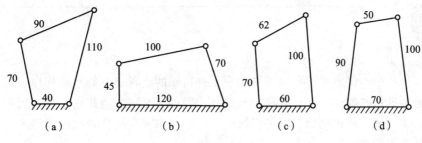

图 7—18

4. 简述铰链四杆机构的基本性质。

5. 导杆机构类型与应用有哪些？

项目8 常用机构

在实际生产中，很多时候要求机构实现某种特殊的或者复杂的运动规律。由于凸轮机构能很好地实现这些要求，且凸轮机构自身结构简单、紧凑，因此它广泛应用于自动化机械中，如自动机床、纺织机械、包装机械等。本项目主要介绍凸轮机构的组成、分类及应用，认识其他常用机构。

任务❶ 认识凸轮机构的组成及特点

一、凸轮机构的组成

凸轮机构是由凸轮、从动件和起支撑作用的机架3个基本构件组成的一种高副机构。其中凸轮是一个具有曲线轮廓的构件，通常作连续的等速转动、摆动或移动，一般是主动件。在凸轮轮廓的控制下，按预定的运动规律作往复移动或摆动的是从动件。

如图8—1所示为以内燃机的配气凸轮机构，凸轮作等速回转，其轮廓将迫使推杆作往复摆动，从而使气门开启和关闭，以控制可燃物质进入气缸或废气的排出。由上述例子可以看出，从动件的运动规律是由凸轮轮廓曲线决定的。

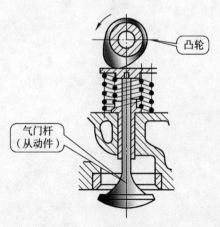

图8—1 内燃机配气机构

二、凸轮机构的特点

凸轮机构的优点：结构简单、紧凑、设计方便，可实现从动件任意预期的运动规律，因此在机床、纺织机械、轻工机械、印刷机械、机电一体化装配中大量应用。

凸轮机构的缺点：（1）凸轮与从动件是点接触或线接触（高副），易磨损，只适宜在传力不大的场合；（2）凸轮轮廓复杂，精度要求高，加工困难；（3）从动件的行程不能过大，否则会使凸轮尺寸过大，使得整个机构变得笨重。

任务 ② 认识凸轮机构的分类

一、按凸轮的形状分类

1. 盘形凸轮

盘形凸轮是凸轮的最基本形式。这种凸轮是一个绕固定轴转动并且具有变化半径的盘形零件（见图 8—2（a））。

2. 移动凸轮

当盘形凸轮的回转中心趋于无穷远时，凸轮相对机架作直线运动，这种凸轮称为移动凸轮（见图 8—2（b））。

3. 圆柱凸轮

将移动凸轮卷成圆柱体即成为圆柱凸轮（见图 8—2（c））。

| (a) | (b) | (c) |

图 8—2 按凸轮形状分类

凸轮机构中，盘形凸轮和移动凸轮与从动件之间的相对运动为平面运动，属于平面凸轮机构。圆柱凸轮与从动件之间的相对运动为空间运动，属于空间凸轮。

二、按从动件的形状分类

1. 尖端从动件

这种从动件结构最简单，尖顶能与任意复杂的凸轮轮廓保持接触，以实现从动件的任意运动规律（见图 8—3（a））。但因尖顶易磨损，仅适用于作用力很小的低速凸轮机构。

2. 滚子从动件

从动件的一端装有可自由转动的滚子，滚子与凸轮之间为滚动摩擦，磨损小，可以承受较大的载荷，因此，应用最普遍（见图 8—3（b））。

3. 平底从动件

从动件的一端为一平面，直接与凸轮轮廓相接触（见图 8—3（c））。若不考虑摩擦，凸轮对从动件的作用力始终垂直于端平面，传动效率高，且接触面间容易形成油膜，利于润滑，故常用于高速凸轮机构。它的缺点是不能用于凸轮轮廓有凹曲线的凸轮机构中。

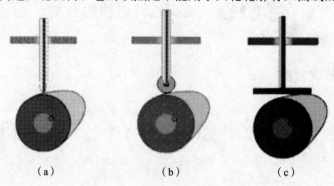

（a）　　　　　　（b）　　　　　　（c）

图 8—3　按从动件的形状分类

三、按从动件的运动形式分类

1. 移动从动件

从动件相对机架作往复直线运动，如图 8—2（a）、（c）所示。

2. 偏移放置

即不对心放置的移动从动件，相对机架作往复直线运动。

3. 摆动从动件

从动件相对机架作往复摆动，如图 8—2（b）所示。

任务3　了解凸轮机构的应用

凸轮机构应用范围非常广，前面已经对内燃机的配气机构做了讲解，下面介绍两个在机械加工方面的应用。

一、自动车床走刀机构

如图 8—4 为自动车床走刀机构。当带有凹槽的圆柱形凸轮转动时，依靠凸轮的轮廓可使得从动杆进行往复摆动。因为从动杆上装有扇形齿轮，扇形齿轮与刀架上的齿轮啮合从而实现刀架的进刀和退刀。

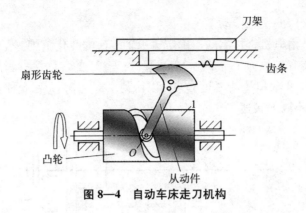

图 8—4 自动车床走刀机构

二、靠模车削机构

如图 8—5 所示为靠模车削机构。移动凸轮（即靠模板），通过从动件（刀架）带动刀具运动，从而完成轮廓曲线与凸轮轮廓相同工件的加工。

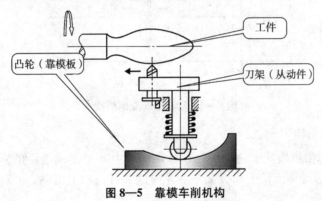

图 8—5 靠模车削机构

任务 4 认识变速机构

在输入转速不变的条件下，使输出轴获得不同转速的传动装置就是变速机构。例如，机床的主轴变速传动系统是将主电动机的恒定转速通过主轴箱的变速机构使得主轴得到多种不同的转速；机床的进给变速传动系统是通过进给箱的变速机构将机床主轴的每回转一周变换为多级不同的进给量。变速机构分为有级变速机构和无级变速机构两大类。

一、有级变速机构

机床、汽车和其他机械上常用的机械式变速机构中有级变速机构的应用最为普遍，通常都是通过改变机构中某一级的传动比的大小来实现转速的变换。常用的有级变速机构有滑移齿轮变速机构、塔齿轮变速机构、倍增变速机构和拉键变速机构等。

1. 滑移齿轮变速机构

滑移齿轮变速机构通常用于定轴轮系中，广泛应用于各类机床的主轴变速。如图 8—6

所示为万能升降台铣床的主轴传动系统。

Ⅰ轴为输入轴,由电机直接驱动,确定输出轴转速的变化范围。Ⅴ轴为输出轴,在Ⅱ轴和Ⅳ轴上分别安装有齿数为19—22—16和37—47—21的三联滑移齿轮以及齿数为52—19的双联滑移齿轮。Ⅱ轴和Ⅴ轴之间总共可以得到1×3×3×2=18种传动比。也就是说,我们可以得到18种不同的转速。

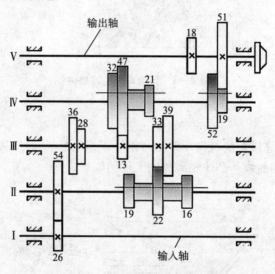

图8—6 滑移齿轮变速机构

2. 塔齿轮变速机构

如图8—7所示为塔齿轮变速机构。在从动轴8上8个排成塔形的固定齿轮组成塔齿轮7,主动轴1上的滑移齿轮6和拨叉5沿导向键2可在轴上滑动,并通过中间齿轮4可与塔齿轮中任意一个齿轮啮合,以改变传动比而实现变速。

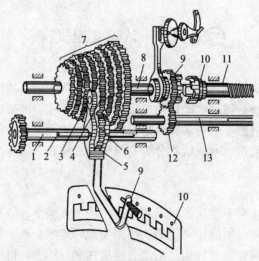

图8—7 塔齿轮变速机构

1—主动轴;2—导向键;3—中间齿轮支架;4—中间齿轮;5—拨叉;6—滑移齿轮;
7—塔齿轮;8—从动轴;9、10—离合器;11—丝杠;12—光杠齿轮;13—光杠。

塔齿轮变速机构的传动比与塔齿轮的齿数成正比，因此很容易由塔齿轮的齿数实现传动比成等差数列的变速机构。它用于转速不高但需要有多种转速的场合。

3. 倍增变速机构

如图 8—8 所示为倍增变速机构。输入轴 I 和输出轴 III 上分别安装齿数为 28—18、28—48 的双联滑移齿轮，轴 II 上安装有 3 个固定齿轮，改变滑移齿轮的位置可得到 4 种传动比：1/8、1/4、1/2、1。倍增变速机构的特点是传动比按 2 的倍数增加。

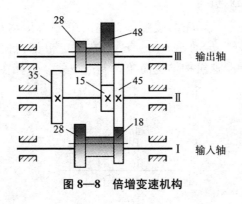

图 8—8　倍增变速机构

4. 拉键变速机构

如图 8—9 所示为拉键变速机构。机构有 4 个齿轮固定在主动轴 III 上，另有 4 个齿轮空套在轴 II 上。拉动手柄，通过轴 II 上的拉键沿轴向移动，使相应的空套齿轮啮合，从而改变轴 II、III 的传动比，使轴 II 得到不同的转速。拉键变速机构的特点是结构紧凑，但拉键的刚度较低，不能传递较大的转矩。

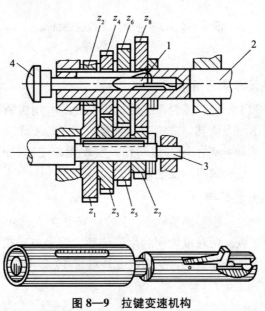

图 8—9　拉键变速机构

1—弹簧键；2—从动套筒轴；3—主动轴；4—手柄轴。

二、无级变速机构

依靠摩擦来传递转矩，适当改变主动件和从动件的转动半径，使输出轴的转速在一定的范围内无级变化的变速机构即是无级变速机构。无级变速机构具有结构简单、运转平稳、易于平缓连续地变速的优点，但承载能力较低，且不能保证准确的传动比。常用的机械无级变速机构的类型特点如下所述。

1. 滚子平盘式无级变速机构

如图8—10所示，主、从动轮靠接触处产生的摩擦力传动。摩擦轮可沿轴向移动，使接触半径 r_2 改变，这样，传动比 $i = r_2/r_1$ 可在一定范围内任意改变，所以从动轴 II 可以获得无级变速。这种变速机构结构简单，制造方便，但存在较大的相对滑动，磨损严重。

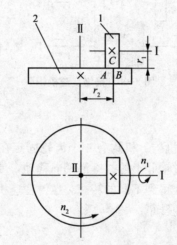

图8—10 滚子平盘式无级变速机构

1—滚子；2—平盘。

2. 锥轮—端面盘式无级变速机构

工作原理：如图8—11所示，锥轮1装在倾斜安装的电动机的轴上，端面盘2安装在支架板6上，弹簧3的作用力使其与锥轮的端面紧贴。支架板移动时可改变锥轮与端面盘的接触半径 R_1 和 R_2，从而获得不同的传动比，实现无级变速。$n_1/n_2 = R_2/R_1$。其特点是：传动平稳，噪声低，结构紧凑，变速范围大。

3. 分离锥轮式无级变速机构

如图8—12所示，两对可滑移的锥轮2、4分别安装在主、从动轴上，并用杠杆3连接，杠杆3以支架6为支点。两对锥轮间利用带传动。启动电动机1，两个螺母反向移动（两段螺纹旋向相反），使杠杆3摆动，从而改变传动带10与锥轮2、4的接触半径，达到无级变速。

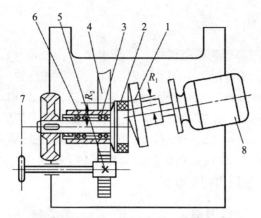

图 8—11 锥轮—端面盘式无级变速机构

1—锥轮；2—端面盘；3—弹簧；4—齿条；5—齿轮；6—支架板；7—链条；8—电动机。

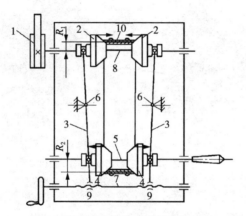

图 8—12 分离锥轮式无级变速机构

1—电动机；2、4—锥轮；3—杠杆；5—从动轴；6—支架；7—螺杆；8—主动轴；9—螺母；10—传动带。

任务 5 认识换向机构

换向机构是指在输入轴旋转方向不变的条件下，改变从动轮（轴）旋转方向的装置。汽车、拖拉机等不但能前进而且能倒退，机床主轴既能正转也能反转，这些运动形式的改变通常是由换向机构来完成的。如图 8—13 所示为汽车变速换挡手柄。常用的换向机构有三星齿轮换向机构和圆锥齿轮换向机构等。

图 8—13 汽车变速换挡手柄

一、三星齿轮换向机构

如图 8—14 所示为三星齿轮换向机构，它是由 Z_1、Z_2、Z_3 和 Z_4 4 个齿轮，以及三角形杠杆架组成。Z_1 和 Z_4 两齿轮装在位置固定的轴上，并可与轴一起转动。Z_2 和 Z_3 两齿轮空套在三角形杠杆架的轴上，杠杆架通过搬动手柄可绕齿轮 Z_4 轴心转动。如图 8—14（a）所示位置，齿轮 Z_1 通过齿轮 Z_3 带动齿轮 Z_4，使齿轮 Z_4 按一定方向旋转，齿轮 Z_2 空转。若手柄向下搬动，如图 8—14（b）所示，Z_1 和 Z_3 两齿轮脱开啮合，Z_1 和 Z_2 进入啮合，这样齿轮 Z_1 通过齿轮 Z_2 和 Z_3 而带动齿轮 Z_4，由于多了一个中间齿轮 Z_2，当齿轮 Z_1 的旋转方向不变，齿轮 Z_4 的旋转方向就改变了。

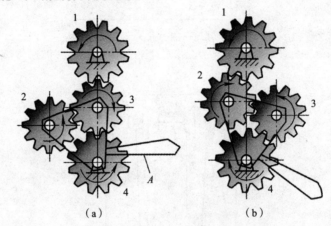

（a） （b）

图 8—14 三星齿轮换向机构

1—主动齿轮；2、3—惰轮；4—从动齿轮。

二、圆锥齿轮换向机构

如图 8—15 所示为圆锥齿轮换向机构。两个端面带有爪形齿的圆锥齿轮 Z_2 和 Z_4，空套在水平轴上，这两个圆锥齿轮能与同轴上可滑移的双向爪形离合器啮合或分离，此双向爪形离合器和水平轴用键连接。另一个圆锥齿轮 Z_1 固定在垂直轴上。当圆锥齿轮 Z_1 旋转时，带动水平轴上两个圆锥齿轮 Z_2 和 Z_4，这两个齿轮以相反方向在轴上空转。如果双向离合器向左移动，与左面圆锥齿轮 Z_2 上的端面爪形齿啮合，那么运动由左面的圆锥齿轮 Z_2 通过双向离合器传给水平轴；如果双向离合器向右移动，并与圆锥齿轮 Z_4 端面爪形齿轮啮合，那么运动也将由圆锥齿轮 Z_4 通过双向离合器传给水平轴，且旋转方向相反。

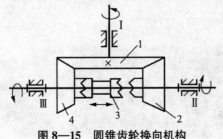

图 8—15 圆锥齿轮换向机构

1—主动锥齿轮；2、4—从动锥齿轮；3—离合器。

任务❻　认识间歇运动机构

具有周期性停歇间隔的单向运动称为间歇运动机构。间歇运动机构的作用是将主动件的连续匀速运动转变为从动件的周期性时动时停的单向运动，以满足生产实际的要求。

间歇运动机构广泛地应用于机床设备及自动化机械中，如机床的自动进给机构、分度机构；自动机床的送料机构、刀架自动转位机构；电影机的卷片机构；精纺机的成形机构；包装机的送进机构；印刷机的进纸机构等。随着机械化、自动化程度的提高，间歇运动机构的应用将越来越广泛。

间歇运动机构的种类很多，常用的有棘轮机构和槽轮机构两种。

一、棘轮机构

1. 棘轮机构的组成及工作原理

如图 8—16 所示，棘轮机构主要由棘轮 4、棘爪 2、止回棘爪 6 和机架等组成。

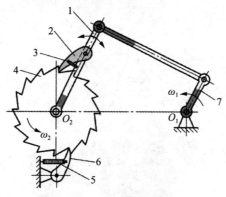

图 8—16　棘轮机构

1—摇杆；2—棘爪；3—弹簧；4—棘轮；5—弹簧；6—止回棘爪；7—曲柄。

主动摇杆空套在与棘轮固连的轴上，当主动摇杆逆时针摆动时，摇杆上铰接的主动棘爪 2 嵌入棘轮 4 的齿槽中，推动棘轮同向转动一定的角度。

当主动摇杆顺时针摆动时，止回棘爪 6 阻止棘轮反向转动，而主动棘爪在棘轮齿背上滑至原位，此时棘轮静止不动。因此，当主动件作连续往复摆动时，棘轮作单向间歇运动。

2. 棘轮机构的类型

（1）单动式棘轮机构。

单动式棘轮机构如图 8—16 所示。当主动件往复摆动一次时，棘轮只能单向间歇地转过某一角度。

（2）双动式棘轮机构。

双动式棘轮机构如图 8—17 所示。当主动件作往复摆动一次时，通过棘爪能使棘轮沿同一方向作两次间歇运动。不过每次停歇时间很短，棘轮每次的转角很小。

图 8—17　双动式棘轮机构

（3）双向式棘轮机构。

双向式棘轮机构如图 8—18 所示。当棘爪直面在左侧、斜面在右侧时，棘轮沿逆时针方向作间歇运动，若提起棘爪并绕其轴线转 180°后放下，使直面在右侧、斜面在左侧时，棘轮沿顺时针方向作间歇运动。

图 8—18　双向式棘轮机构

（4）摩擦式棘轮机构。

摩擦式棘轮机构如图 8—19 所示。它依靠棘爪 1 和棘轮 2 之间的摩擦力来传递运动（3 为止回棘爪或制动棘爪）。

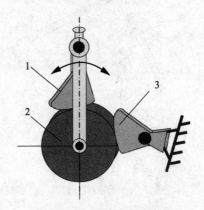

图 8—19　摩擦式棘轮机构

二、槽轮机构

如图 8—20 所示，槽轮机构由带有圆销 2 的拨盘 1（曲柄）、具有径向均布槽的槽轮 3 及机架组成。当拨盘为主动件，以角速度作逆时针连续等速回转时，圆销 2 由图示位置进入槽轮的槽中，拨动槽轮顺时针转动，拨盘转一周，槽轮转过一个径向槽。此时，槽轮的锁止凹弧被回转拨盘的锁止凸弧卡住，使槽轮静止不动。直到圆销再进入槽轮下一个径向槽时，又重复上述的循环运动。

如图 8—21 所示的电影放映机的卷片机构放电影时，胶片以每秒 24 张的速度通过镜头，每张画面在镜头前有一个短暂的停留，这一间歇运动由槽轮机构实现。

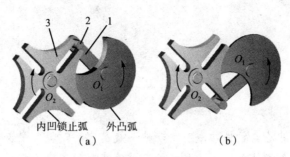

图 8—20　槽轮机构
1—拨盘；2—圆销；3—槽轮。

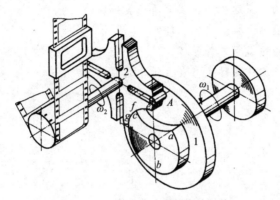

图 8—21　电影放映机的卷片机构

当传动轴带动拨盘 1 等速回转时，拨盘上的圆销驱动槽轮 2 转动。拨盘每转一周，槽轮转过，卷过一张胶片，并使画面有一停留时间。

任务 7　认识机器中的常用机构

一、实训目的

1. 了解常用机构的结构及组成。
2. 能认识机器中使用了哪些常用机构。

二、实训要求

观察实训中心内车床、铣床内部结构。

三、设备和工具

各种典型的机构、机器（如车床、铣床等）。

四、实训报告

填写实训报告。

思考与练习

1. 凸轮机构由哪些基本构件组成？主动件一般是哪个？
2. 凸轮机构按凸轮形状分为哪几类？按从动件的形状又分为哪几类？
3. 简述凸轮机构的优缺点。
4. 举例说明凸轮机构在实际生产中的应用。
5. 什么是变速机构？变速机构主要有哪些类别？
6. 简述三星齿轮换向机构的工作原理。
7. 简述棘轮机构的组成及工作原理。
8. 举例说明槽轮机构在实际生产和生活中的应用。

项目 9　键与销

键与销主要用于轴上零件的周向固定。这里主要介绍键与销连接。

任务❶　认识键连接

通过键将轴与轴上零件（如齿轮、带轮和凸轮等）结合在一起，实现周向固定，以传递转矩的连接称为键连接。键连接属于可拆连接，具有结构简单、工作可靠、装拆方便等特点，且已经标准化，故得到广泛的应用。

一、平键连接

平键分普通平键和导向平键两种。平键是矩形截面的连接件，置于轴和轴上零件毂孔内，键的两侧面为工作面，用以传递转矩。

1. 普通平键连接

普通平键连接，对中性良好，装拆方便，适用于高速、高精度和承受变载冲击的场合，但不能实现轴上零件的轴向定位。根据键的头部形状不同，普通平键有圆头（A 型）、方头（B 型）和单圆头（C 型）三种类型（见图 9—1）。

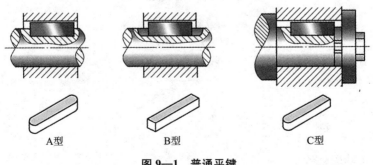

A型　　B型　　C型

图 9—1　普通平键

平键是标准件，只需根据用途、轮毂长度等选取键的类型和尺寸。

普通平键的主要尺寸是键宽 b、键高 h、键长 L（见图 9—2）。普通平键的尺寸应根据需要从标准中选取。

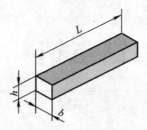

图 9—2　平键的标准

普通平键的标记：标准号　键型　键宽×键高×键长。

【例】

GB/T 1096 键 A16 ×10 ×100

表示键宽为 16mm、键高为 10mm、键长为 100mm 的 A 型普通平键。

GB/T 1096 键 B16 ×10 ×100

表示键宽为 16mm、键高为 10mm、键长为 100mm 的 B 型普通平键。

GB/T 1096 键 C16 ×10 ×100

表示键宽为 16mm、键高为 10mm、键长为 100mm 的 C 型普通平键。

2. 导向平键连接

轴上安装的零件需要沿轴向作移动时，可将普通平键加长，变为如图 9—3 所示的导向平键连接。由于导向平键较长，且与键槽配合较松，因此要用螺钉将导向平键固定于轴槽内。为了拆卸方便，在导向平键中部设有起键用螺孔。导向平键有圆头（A 型）和方头（B 型）两种类型。

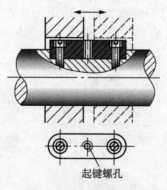

起键螺孔

图 9—3　导向平键连接

3. 平键连接的配合种类和应用

平键连接采用基轴制配合，按键宽配合的松紧程度不同，分成较松键连接、一般键连接和较紧键连接三种。三种连接的键宽、轴槽宽和轮毂槽宽的公差及三种连接的应用见表 9—1。

表 9—1　　　　　　　　　　　　平键连接类型与选用

连接类型	尺寸 b 的公差			应用范围
	键	轴槽	轮毂槽	
较松键连接		H9	D10	主要应用在导向平键上
一般键连接	h9	N9	JS9	常用的机械装置
较紧键连接		P9	P9	传递重载荷、冲击性载荷及双向传递扭矩

二、半圆键连接

半圆键连接也是用侧面实现周向固定和传递转矩。其特点是制造容易，装拆方便。键在轴槽中能绕自身几何中心沿槽底圆弧摆动，以适应轮毂上键槽的斜度，但键槽较深，削弱了轴的强度，只能传递较小的转矩，如图 9—4 所示。一般用于轻载或辅助性连接，特别适用于锥形轴与轮毂的连接。

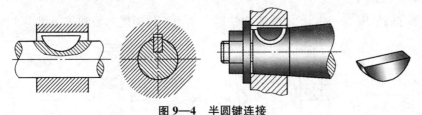

图 9—4　半圆键连接

三、花键连接

花键连接是由沿轴和轮毂孔周向均布的多个键齿相互啮合而成的连接（见图 9—5）。它的特点是：多齿承载，承载能力强；齿浅，对轴的强度削弱小；对中性及导向性能好；加工需专用设备，成本高。

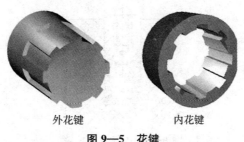

外花键　　　　　　　　内花键

图 9—5　花键

任务2　认识销连接

销连接的作用是固定零件间的相对位置，或作为组合加工和装配时的辅助零件（见

图9—6（a）），也可用于轴与毂的连接或其他零件的连接（见图9—6（b））和用作安全装置中的过载剪断零件（见图9—6（c））。

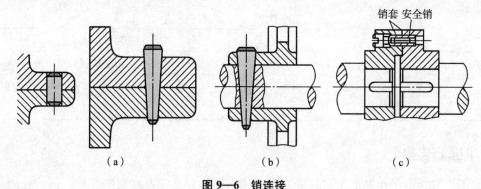

图9—6 销连接

一、圆柱销

1. 普通圆柱销

普通圆柱销如图9—7所示。普通圆柱销主要用于传递横向力和传递扭矩。

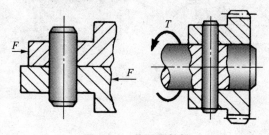

图9—7 普通圆柱销

2. 内螺纹圆柱销

为了销连接、装拆的方便或盲孔的销连接，可采用内螺纹圆柱销，如图9—8所示。

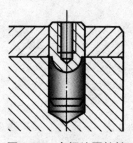

图9—8 内螺纹圆柱销

二、圆锥销

圆锥销和圆柱销一样，也分普通圆锥销（见图9—9）和带内螺纹的圆锥销（见图9—10）。圆锥销装配时，被连接件的两孔也应同时钻铰，但必须控制直径。钻孔时按圆锥销小头直径选用钻头，用1：50锥度的铰刀铰孔。铰孔时用试装法控制孔径，以圆锥销自由插入全长的80%~85%为宜。然后用软锤敲入，敲入后销的大头可被连接件表面平齐或露出不超过倒棱值。

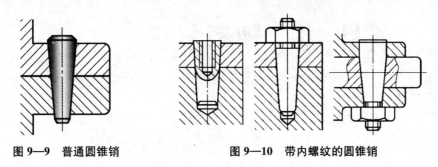

图9—9 普通圆锥销　　　　　图9—10 带内螺纹的圆锥销

任务3 键与销的装配实践训练

一、实训目的

1. 掌握键与销的装配方法。
2. 掌握销孔的加工。

二、实训要求

将齿轮装配到轴上，并用键做周向固定。加工销孔，并进行装配。

三、设备和工具

平键、圆柱销；钻床；铰刀。

四、实训报告

填写实训报告。

◎ 思考与练习

1. 键连接有哪些主要类型？各有何主要特点？
2. 平键连接的工作原理是什么？主要失效形式有哪些？平键的剖面尺寸 $b×h$ 和键的长度 L 是如何确定的？
3. 圆头（A型）、平头（B型）及单圆头（C型）普通平键各有何优缺点？它们分别用在什么场合？轴上的键槽是如何加工出来的？
4. 半圆键与普通平键连接相比，有什么优缺点？它适用于什么场合？
5. 普通平键和半圆键是如何进行标注的？
6. 销有哪几种？其结构特点是什么？各用在何种场合？

项目 10　轴系零件

任务① 认识轴

一、轴的功能

轴是组成机器中最基本且重要的零件之一，其主要功能是：

（1）传递运动和转矩（传动轴、心轴）；

（2）支承回转零件（如齿轮、带轮）。

二、轴的分类

按其轴线形状不同，轴有直轴、曲轴、软轴、偏心轴四种。

1. 直轴

直轴按其承载情况不同，可分为传动轴、心轴和转轴。

（1）传动轴。主要承受转矩作用的轴称为传动轴，如汽车的传动轴。传动轴由轴管、伸缩套、万向节组成（见图 10—1）。伸缩套能自动调节变速器与驱动桥之间距离的变化。万向节是保证变速器输出轴与驱动桥输入轴两轴线夹角的变化，并实现两轴的等角速度传动。

图 10—1　传动轴

（2）心轴。只承受弯矩作用的轴称为心轴，其作用是定位。根据心轴工作时是否转动又分为固定心轴和转动心轴。转动心轴在工作时轴承受弯矩且轴转动，如图 10—2（a）所示。固定心轴在工作时轴承受弯矩且轴固定，如图 10—2（b）所示。

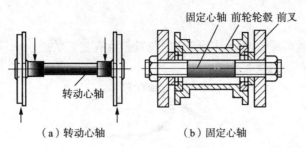

（a）转动心轴　　　　　（b）固定心轴

图 10—2　心轴

（3）转轴。既承受弯矩又承受转矩作用的轴称为转轴，如卷扬机的小齿轮轮轴（见图 10—3）。常见的转轴有：笔记本电脑转轴；LED 台灯转轴；LCD 显示屏转轴；GPS 等车载支架转轴等。

图 10—3　转轴

直轴根据外形的不同，可分为光轴（见图 10—4（a））和阶梯轴（见图 10—4（b））。其中阶梯轴的应用最为广泛。

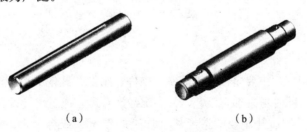

（a）　　　　　　　　　　（b）

图 10—4　光轴和阶梯轴

2. 曲轴

曲轴是内燃机、曲柄压力机等机器中用于往复运动和旋转运动相互转换的专用零件，它兼有转轴和曲柄的双重功能。如图 10—5 所示。

图 10—5　曲轴

3. 软轴

软轴能把回转运动灵活地转到任何空间位置，具有良好的挠性（见图10—6）。如刹车线、油门线、直丝管、钢丝等。

图 10—6　软轴

4. 偏心轴

如图10—7所示，偏心轴是指外圆和外圆的轴线平行而不重合的轴。在机械运动中，其主要功能是把回转运动变为直线运动，例如主轴箱内的润滑油泵是由偏心轴来带动的，汽车、拖拉机的曲轴的回转运动就是由活塞的往复直线运动带动的。

图 10—7　偏心轴

三、轴的材料

轴的材料种类很多，主要是根据轴的使用条件、刚度和其他的机械性能等的要求，采用不同的热处理方式，同时考虑加工工艺，并力求经济合理，通过设计计算来选择轴的材料。

轴的材料一般是经过轧制或锻造经切削加工的碳素钢或合金钢。对于直径较小的轴，可用圆钢制造；有条件的可以直接用冷轧钢材；对于重要的、大直径或阶梯直径变化较大的轴，采用锻坯。为节约金属和提高工艺性，直径大的轴还可以造成空心的，并且带有焊接的或锻造的凸缘。

轴的常用材料是优质碳素结构钢，如35、45和50，其中以45号钢最为常见。不太重要及受载荷较小的轴可用Q235、Q275等普通碳素结构钢；对于受力较大、轴的尺寸受限制，以及某些有特殊要求的轴可用合金结构钢。当采用合金钢时，应优先选用符合国家资源结构情况的硅锰钢、硼钢等。对于结构复杂的轴（如花键轴、空心轴等），为保护尺寸稳定性和减小热处理变形，可选用铬钢；对于大截面、非常重要的轴可选用铬镍钢；对于高温或腐蚀条件下工作的轴可选用耐热钢或不锈钢。

曲轴和轮轴一般用球墨铸铁和一些高强度铸铁。铸造性能好，容易铸成复杂的形状，吸振能力好，应力集中，敏感性比较低，支点位移的影响小。

四、轴的结构

如图 10—8 所示，轴主要包括以下 4 个部分：

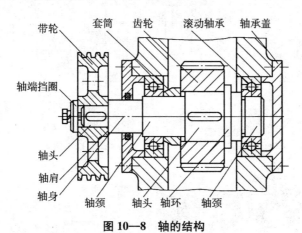

图 10—8　轴的结构

（1）轴颈：轴和轴承配合的部分；
（2）轴头：轴和旋转零件配合的部分；
（3）轴身：连接轴头与轴颈的部分；
（4）轴肩或轴环：轴上截面尺寸变化的部分。
在具体应用中，轴的结构应满足以下条件（轴的设计应该考虑的相关因素）：
（1）安装在轴上的零件，要能牢固而可靠的相对固定（轴向或周向固定）；
（2）便于加工和减少应力集中；
（3）轴上零件要便于装拆。

五、轴上零件的固定

轴上零件的固定分轴向固定和周向固定。轴向固定的目的是保证零件在轴上有确定的轴向位置，防止零件做轴向移动，并能承受轴向力。常用的方法有利用轴肩、轴环、圆锥面，以及采用轴端挡圈、轴套、圆螺母、弹性挡圈等零件进行轴向固定，具体方法及特点见表 10—1。

表 10—1　　　　　　　　　　　　　轴上零件轴向固定方法和特点

固定方法	简图	特点
圆螺母		固定可靠，装拆方便，可承受较大的轴向力，能调整轴上零件之间的间隙。为防止松脱，必须加上制动垫圈和双螺母。由于在轴上切削了螺纹，强度降低，因此常用于轴上零件距离较大及轴端零件的固定。

续前表

固定方法	简图	特点
轴肩和轴环		此种固定方法结构简单，定位可靠，可承受较大的轴向力。常用于齿轮、链轮、带轮、联轴器和轴承定位。 使用轴肩、轴环的过渡圆角半径 r 应小于轴上零件孔端的圆角半径 R 或倒角 C，这样才能使轴上零件的端面紧靠定位面。
套筒		结构简单、定位可靠。常用于轴上零件间距离较小的场合。当轴的转速较高时不宜采用。
轴端挡圈		结构简单，定位可靠，可承受冲击载荷和剧烈振动。适用于轴端零件。
弹性挡圈		结构简单、紧凑，装拆方便，只能承受很小的轴向力。常用于固定滚动轴承。
轴端挡板		结构简单，适用于心轴和轴端固定。
紧定螺钉和挡圈		结构简单，同时起周向固定作用，但承载能力较小，且不适合高速场合。
圆锥面		能消除轴和轮毂间的径向间隙，装拆较方便，可兼作周向固定，能承受冲击载荷。多用于轴端零件固定，常与轴端压板或螺母联合使用，使零件获得双向轴向固定。

周向固定的目的是传递转矩及防止零件与轴产生相对转动。常采用键和过盈配合等方

法（见表10—2）。

表 10—2　　　　　　　　　　　　　轴上零件周向固定方法和特点

平键连接		加工容易，装拆方便，应用最为广泛。但不能轴向固定，不能承受轴向力。
花键连接		具有接触面积大、承载能力强、对中性和导向性好等特点。适用于载荷较大、定心要求高的静、动连接。加工工艺复杂、成本较高。
销钉连接		既可以做周向固定也可做轴向固定，常用作安全装置。过载时可剪断，起保护作用。但不能承受较大载荷，对轴强度有削弱作用。
紧定螺钉		紧定螺钉端部拧入轴上凹坑，其结构简单，同时具有轴向固定作用。但不能承受较大载荷，只适用于辅助连接。
过盈配合		主要用于不拆卸的轴与轮毂的连接。由于包容件轮毂的配合尺寸（孔径）小于被包容件轴的配合尺寸（轴颈直径），装配后在两者之间产生较大压力，通过此压力所产生的摩擦力可传递转矩。这种连接结构简单，对轴的削弱小，对中性好，能承受较大的载荷，有较好的抗冲击性能。

六、轴的结构工艺性

轴的结构除了考虑零件固定与支承以外，还需考虑到加工、装配等的工艺性要求。一般来说，在满足使用的前提下，轴的结构越简单越好。

1. 加工工艺性

轴的结构中，应有加工工艺所需的结构要素，以便于加工、装配和维修，并能提高生产率、降低成本。

（1）如图 10—9 所示，需磨削的轴段，阶梯处应设有砂轮越程槽；需切制螺纹的轴段，应设有螺尾退刀槽。

（2）轴端、轴颈与轴肩（或轴环）的过渡部位应有倒角和过渡圆角，以便于轴上零件的装配，避免划伤配合表面，减少应力集中。轴肩（或轴环）的过渡圆角半径应小于轴上

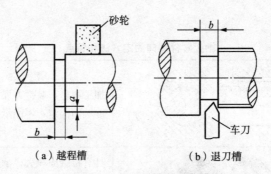

（a）越程槽 　　　　　　　（b）退刀槽

图 10—9　退刀槽和越程槽

安装零件内孔的倒角高度或圆角半径，以保证轴上零件端面可靠贴合轴肩端面。轴上有多处圆角和倒角时，应尽可能使圆角半径相同并与倒角大小一致，以便于加工，减少刀具规格和换刀次数。自由表面的轴肩过渡圆角不受装配的限制，可取的大些（一般取 $r = 0.1d$），以减少应力集中。圆角半径取值具体见图 10—10。

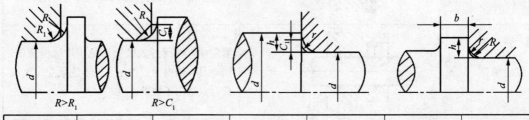

轴径	>10~18	>18~30	>30~50	>50~80	>80~120	>120~150
R 或 C	0.8	1.0	1.6	2.0	2.5	3.0
R_1 或 C_1	1.0	2.0	3.0	4.0	5.0	6.0

图 10—10　圆角半径取值

（3）轴的形状应力求简单，阶梯数尽可能少。

（4）轴的长径比 L/d 大于 4 时，轴两端应开设中心孔，以便加工时用顶尖支承和保证各轴段的同轴度。

（5）当轴上有两个键槽时，键宽应尽可能统一，并布置在轴的同一母线上（见图 10—11），以便一次装夹后用铣刀切出，减少换刀次数。

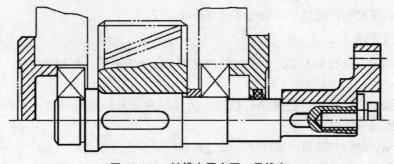

图 10—11　键槽布置在同一母线上

2. 装配工艺性

（1）阶台轴的直径应该是中间大、两端小，由中间向两端依次减小，便于轴上零件的装拆。

（2）当轴上装有质量较大的零件或与轴颈过盈配合的零件时，在装入端应加工出半锥角为 10° 的导向锥面（见图 10—12），以便于装配。

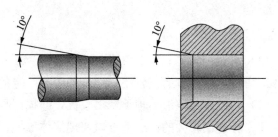

图 10—12 导向锥面

任务 2 认识滑动轴承

轴承支承轴及轴上零件，保证轴的旋转精度。根据轴承工作的摩擦性质，轴承可分为滑动轴承和滚动轴承。滑动轴承具有工作平稳、无噪声、径向尺寸小、耐冲击和承载能力大等优点。本任务主要讲解滑动轴承的分类、结构、材料及滑动轴承的润滑。

一、滑动轴承的类型和特点

1. 滑动轴承的类型

滑动轴承按其承受载荷的方向分为：

（1）径向滑动轴承，它主要承受径向载荷；

（2）止推滑动轴承，它只承受轴向载荷。

滑动轴承按摩擦（润滑）状态（见图 10—13）可分为液体摩擦（润滑）轴承和非液体摩擦（润滑）轴承。

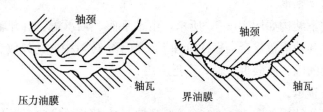

图 10—13 滑动轴承润滑状态

（1）液体摩擦轴承（完全液体润滑轴承）。液体摩擦轴承的原理是在轴颈与轴瓦的摩擦面间有充足的润滑油，润滑油的厚度较大，将轴颈和轴瓦表面完全隔开，因而摩擦系数很小，一般为 0.001～0.008。由于始终能保持稳定的液体润滑状态，这种轴承适用于高速、高精度和重载等场合。

（2）非液体摩擦轴承（不完全液体润滑轴承）。非液体摩擦轴承依靠吸附于轴和轴承孔表面的极薄油膜，但不能完全将两摩擦表面隔开，有一部分表面直接接触，因而摩擦系数大，一般为 0.05～0.5。如果润滑油完全流失，将会出现干摩擦、剧烈摩擦、磨损，甚至发生胶合破坏。

2. 滑动轴承的特点

滑动轴承的优点：（1）承载能力高；（2）工作平稳可靠、噪声低；（3）径向尺寸小；（4）精度高；（5）流体润滑时，摩擦、磨损较小；（6）油膜有一定的吸振能力。

滑动轴承的缺点：（1）非流体摩擦滑动轴承摩擦较大，磨损严重；（2）流体摩擦滑动轴承在启动、行车、载荷、转速比较大的情况下难以实现流体摩擦；（3）流体摩擦滑动轴承设计、制造、维护费用较高。

二、滑动轴承的结构和材料

1. 径向滑动轴承

（1）整体式滑动轴承。

整体式滑动轴承结构如图 10—14 所示，由轴承座和轴瓦组成，轴承座上部有油孔，轴套内有油沟，分别用以加油和引油，进行润滑。这种轴承最大的优点是结构简单，价格低廉，但轴的装拆不方便，磨损后轴承的径向间隙无法调整。这种轴承主要用于轻载、低速或间歇工作的场合。

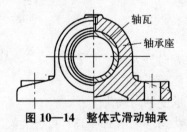

图 10—14　整体式滑动轴承

（2）剖分式滑动轴承。

剖分式滑动轴承结构如图 10—15 所示，由轴承座、轴承盖、对开轴瓦、双头螺柱和垫片组成。轴承座和轴承盖接合面做成阶梯形，为了定位对中，此处放有垫片，以便磨损后调整轴承的径向间隙。故装拆方便，广泛应用。

（3）自动调心轴承。

自动调心轴承的结构如图 10—16 所示，其轴瓦外表面做成球面形状，与轴承支座孔的球状内表面相接触，能自动适应轴在弯曲时产生的偏斜，可以减少局部磨损。适用于轴承支座间跨距较大或轴颈较长、轴承孔轴线同轴度较大的场合。

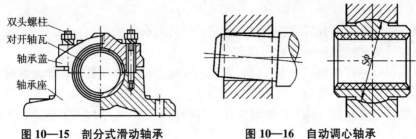

图 10—15 剖分式滑动轴承   图 10—16 自动调心轴承

2. 止推滑动轴承

止推滑动轴承结构如图 10—17 所示，主要由轴承座、衬套、轴套、止推垫圈和销钉组成。

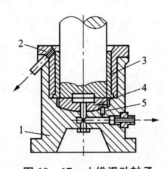

图 10—17 止推滑动轴承

1—轴承座；2—衬套；3—轴套；4—止推垫圈；5—销钉。

止推滑动轴承主要承受轴向载荷，它靠轴的端面或轴肩、轴环的端面向推力支撑面传递轴向载荷。根据结构不同，止推滑动轴承又有三种形式：

（1）实心止推滑动轴承。轴颈端面的中部压强比边缘的大，润滑油不易进入，润滑条件差。

（2）空心止推滑动轴承。轴颈端面的中空部分能存油，压强也比较均匀，承载能力不大。

（3）多环止推滑动轴承。压强较均匀，能承受较大载荷，但各环承载不等，环数不能太多。

3. 轴瓦材料

滑动轴承材料主要是指轴瓦（轴套）的材料。滑动轴承的主要失效形式包括磨损、胶合和疲劳破坏等。在使用材料时主要考虑轴承的这些失效形式，对轴承材料提出了以下一些要求：

（1）足够的抗拉强度、疲劳强度和冲击能力；

（2）良好的减摩性、耐磨性和抗胶合性；

（3）良好的顺应性、嵌入性和磨合性；

（4）良好的耐腐蚀性、热化学性能（传热性和热膨胀性）和调滑性（对油的吸附

能力);

（5）良好的塑性，具有适应轴弯曲变形和其他几何误差的能力；

（6）良好的工艺性和经济性等。

轴瓦可以由一种材料制成，也可以在轴瓦内表面浇铸一层金属衬，即轴承衬。

轴瓦常用材料有以下几种：

（1）铸铁：主要是灰口铸铁和球墨铸铁。其性能较好，适于轻载、低速、不受冲击的场合。

（2）轴承合金：这种材料具有良好的减摩性和耐磨性，常用的有锡基轴承合金（ZChSnSb11-6）和铅基轴承合金（如 ZChPbSb16-2）两类。

（3）铜合金：有黄铜和青铜两种，用作轴承材料的大多为铸造铜合金。它们都有较高的强度，较好的减摩性和耐磨性。铸造黄铜常用的有铝黄铜 ZCuZn25Al6Fe3Mn3、锰黄铜 ZCuZn38Mn2Pb2、硅黄铜 ZCuZn16Si4 等，价格较青铜便宜，但减摩性及耐磨性不如青铜，常用于冲击小、负载平稳的轴承。铸造青铜常用的有锡青铜 ZCuSn10P1、ZCuSn5Pb5Zn5，铝青铜 ZCuAl10Fe3，铅青铜 ZCuPb30 等，可用于中速、中载及重载和冲击条件下的轴承。

（4）铝基合金：可做成单金属轴瓦，也可做成双金属轴瓦的轴承衬，用钢作衬背。

（5）多孔质金属材料（粉末冶金）：含油轴承。

（6）精末冶金：铜基粉末冶金——减摩、抗胶合性好；铁基粉末冶金——耐磨性好，强度高。

4．轴瓦结构

轴瓦是滑动轴承的重要组成部分。常用轴瓦分整体式和剖分式两种结构。

（1）整体式轴瓦。

整体式轴瓦一般在轴套上开有油孔和油沟以便润滑，如图 10—18（a）所示，粉末冶金制成的轴套一般不带油沟，如图 10—18（b）所示。

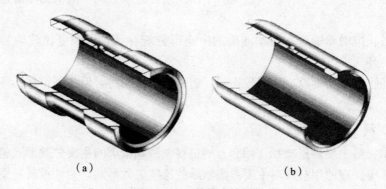

（a）   （b）

图 10—18　整体式轴瓦

（2）剖分式轴瓦。

如图 10—19 所示，剖分式轴瓦有承载区和非承载区，一般载荷向下，故上瓦为非承载区，下瓦为承载区。润滑油应由非承载区进入，故上瓦顶部开有进油孔。在轴瓦内表面以进油口为对称位置，沿轴向、周向或斜向开有油沟，油经油沟分布到各个轴颈。

油沟离轴瓦两端面应有段距离，不能开通，以减少端部泄油。为了使轴承衬与轴瓦结合牢固，可在轴瓦内表面开设一些沟槽。

图 10—19　剖分式轴瓦

三、滑动轴承的润滑

滑动轴承工作时需要有良好的润滑，对减少摩擦、提高效率、减少磨损、延长寿命、冷却和散热以及保证轴承正常工作十分重要。

1. 润滑剂

（1）润滑油。

对于流体动力润滑轴承（按黏度选润滑油），黏度是选择润滑油最重要的参考指标。选择黏度时，应考虑如下基本原则：

1）在压力大、温度高、载荷冲击变动大时，应选用黏度大的润滑油；

2）滑动速度高时，容易形成油膜（转速高时），为减少摩擦应选用黏度较低的润滑油；

3）加工粗糙或未经跑合的表面，应选用黏度较高的润滑油。

（2）润滑脂。

特点：稠度大，不易流失，承载能力强，但稳定性差，摩擦功耗大，流动性差，无冷却效果。适于低速、重载且温度变化不大处，难以连续供油。

选择原则：

1）轻载、高速时选针入度大的润滑脂，反之，则选针入度小的润滑脂；

2）所用润滑脂的滴点应比轴承的工作温度高 20℃～30℃，如滴点温度较高的钙基或复合钙基；

3）在有水淋或潮湿的环境下应选择防水性强的润滑脂——铝基润滑脂、钙基润滑脂。

（3）固体润滑剂。

轴承在高温、低速、重载情况下工作，不宜采用润滑油或润滑脂时可采用固体润滑剂，在摩擦表面形成固体膜，常用石墨、聚四氟乙烯、二硫化钼、二硫化钨等。

使用方法：

1）调配到润滑油或润滑脂中使用；

2）涂敷或烧结到摩擦表面；

3）渗入轴瓦材料或成型镶嵌在轴承中使用。

2. 润滑方式

滑动轴承的润滑方式主要分间歇性润滑和连续性润滑两类。间歇性润滑包括针阀式、旋套式、压套式和旋盖式等。连续性润滑主要包括油环润滑和压力润滑。

滑动轴承的润滑方式，可按下式计算求得 k 值后选择：

$$k = \sqrt{pv^3}$$

式中：p——轴颈的平均压强（Mpa）；

$\quad\quad v$——轴颈的圆周速度（m/s）。

当 $k \leqslant 2$ 时，选择润滑脂润滑，用旋盖式油杯（见图10—20（a））注入润滑脂。

当 $k < 2 \sim 16$ 时，油壶或油枪定期向润滑孔和杯内注油。采用压注式油杯（见图10—20（d））、旋套式油杯（见图10—20（c））、针阀式油杯（见图10—20（b）），利用绳芯的毛吸油滴到轴颈上。

当 $k < 16 \sim 32$ 时，用油环润滑，油环下端浸到油里；也可采用飞溅润滑，即利用下端浸在油池中的转动件将润滑油溅成油来润滑。

当 $k > 32$ 时，采用压力循环润滑，即用油泵进行连续压力供油、润滑、冷却，效果较好，适于重载、高速或交变载荷作用。

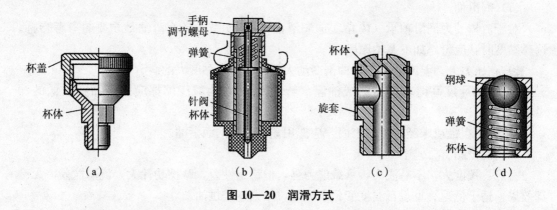

图10—20 润滑方式

四、滑动轴承的安装和维护

（1）轴承的安装必须在干燥、清洁的环境条件下进行。安装前应仔细检查轴和外壳的配合表面、凸肩的端面、沟槽和连接表面的加工质量。所有配合连接表面必须仔细清洗并除去毛刺，铸件未加工表面必须除净型砂。

（2）既要使轴颈与滑动轴承均匀细密接触，又要有一定的配合间隙，保证转动灵活、准确、平稳。

（3）接触角不可太大也不可太小。接触角太小，会使滑动轴承压强增加，严重时会使滑动轴承产生较大的变形，加速磨损，缩短使用寿命；接触角太大，会影响油膜的形成，得不到良好的液体润滑。

（4）轴承使用过程中要经常检查润滑、发热、振动问题。遇有发热（一般在60℃以下为正常）、冒烟、卡死以及异常振动、声响等要及时检查、分析，采取措施。

任务❸　认识滚动轴承

一、滚动轴承的构造、类型及特点

1. 滚动轴承的构造

滚动轴承一般由内圈、外圈、滚动体和保持架组成（见图 10—21）。内圈装在轴径上，与轴一起转动。外圈装在机座的轴承孔内，一般不转动。内外圈上设置有滚道，当内外圈之间相对旋转时，滚动体沿着滚道滚动。保持架使滚动体均匀分布在滚道上，减少滚动体之间的碰撞和磨损。

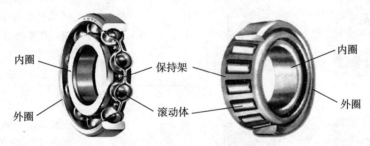

内圈　　保持架　　内圈
外圈　　滚动体　　外圈

图 10—21　滚动轴承的结构

滚动轴承具有摩擦阻力小、启动灵敏、效率高、旋转精度高和润滑简便等优点，广泛应用于各种机器中。滚动轴承为标准零件，由轴承厂批量生产，使用者可以根据需要直接选用。

常见的滚动体有球体、短圆柱形、长圆柱形、圆锥滚子、球面（鼓形）滚子、滚针六种形状（见图 10—22）。

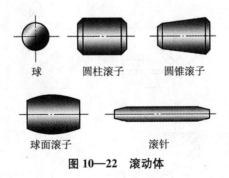

球　　圆柱滚子　　圆锥滚子

球面滚子　　滚针

图 10—22　滚动体

2. 滚动轴承的类型及特点

按所能承受载荷的方向或公称接触角，滚动轴承可分为向心轴承和推力轴承。

（1）向心轴承。

径向接触轴承：公称接触角 $\alpha = 0°$，主要承受径向载荷，可承受较小的轴向载荷。

向心角接触轴承：公称接触角 $\alpha = 0° \sim 45°$，同时承受径向载荷和轴向载荷。

（2）推力轴承。

推力角接触轴承：公称接触角 $\alpha = 45° \sim 90°$，主要承受轴向载荷，可承受较小的径向载荷。

轴向接触轴承：公称接触角 $\alpha = 90°$，只能承受轴向载荷。

滚动轴承还可分为球轴承和滚子轴承，调心轴承和非调心轴承，单列轴承和双列轴承等。

常用滚动轴承类型、图形、代号及特性见表10—3。

表10—3　　　　　　　常用滚动轴承类型、图形、代号及特性

轴承类型	实物图形	简图	类型代号	轴承代号	特点
调心球轴承			1	1200 2200 1300 2300	主要承受径向载荷，同时也可承受少量的双向轴向载荷。外圈内滚道为球面，能自动调心，允许角偏差2°～3°。适用弯曲度小的轴。
调心滚子轴承			2	21300 22200 22300 23000 23100 23200 24000 24100	主要承受径向载荷，同时也可承受少量的双向轴向载荷。外圈内滚道为球面，能自动调心，允许角偏差小于1°～2.5°。
推力调心滚子轴承			2	29200 29300 29400	可承受大的轴向载荷与不大的径向载荷。允许角偏差2°～3°，适用于重载及调心较好的场合。
圆锥滚子轴承			3	30200 30300 31300 32000 32200 32300 32900 33000 33100 33200	可同时承受以径向载荷为主的径向与轴向载荷，不宜承受纯轴向载荷。当成对配置使用时，可承受纯径向载荷，可调整径向、轴向游隙。

续前表

轴承类型	实物图形	简图	类型代号	轴承代号	特点
双列深沟球轴承			4	4404	主要承受径向载荷，也能承受一定的轴向载荷。比深沟球轴承承载能力大。
推力球轴承			5	51100 51200 51300 51400	只能承受一个方向的轴向载荷，可限制一个方向的轴向位移。
深沟球轴承			6	61700 63700 61800 61900 16000 6000 6100 6300 6400	主要承受径向载荷，也可承受一定的双向轴向载荷。由于极限转速高、结构简单、价格便宜，因而应用最为广泛。
角接触球轴承			7	7000C 7001C 7002C 7003C 7004C	可同时承受径向载荷和单向轴向载荷。公称接触角 α 有 15°、25° 和 40° 三种。接触角越大，承受轴向载荷的能力越大。
推力圆柱滚子轴承			8	81102 81103 81104	能承受极大的轴向载荷，承载能力比球轴承大很多，但不允许有偏差角。
圆柱滚子轴承			N	N1000 N200 N2200 N300 N2300 N400	只承受纯径向载荷。

3. 滚动轴承的材料

内、外圈和滚动体可采用 GCr15、GCr15－SiMn 等轴承钢，热处理后硬度可达 HRC60～65。

保持架可采用低碳钢、铜合金或塑料、聚四氟乙烯等。

4. 滚动轴承的特点

滚动轴承利用滚动摩擦代替了滑动摩擦。与滑动轴承相比，具有以下特点：

（1）优点。

1）滚动轴承的摩擦系数比滑动轴承小，传动效率高。普通滑动轴承的摩擦系数为 0.08～0.12，而滚动轴承的摩擦系数仅为 0.001～0.005。

2）滚动轴承已完成规范化、系列化、通用化，适于大批量消费和供给，应用和维修非常方便。

3）滚动轴承用轴承钢制造，并经过热处置，因而，滚动轴承不仅具有较高的机械功能和较长的运用寿命，而且可以节省制造滑动轴承所用的价格较为昂贵的有色金属。

4）滚动轴承外部间隙很小，各零件的加工精度较高，因而，运转精度较高。同时，可以经过预加负荷的办法使轴承的刚性增加。这对于精细机械是十分重要的。

5）某些滚动轴承可同时接受径向负荷和轴向负荷，因而，可以简化轴承支座的构造。

6）由于滚动轴承传动效率高，发热量少，因而，可以增加光滑油的耗费，光滑维护较为省事。

7）滚动轴承可以方便地使用于空间任何方位的轴上。

（2）缺点。

1）滚动轴承接受负荷的才能比同样体积的滑动轴承小得多，因而，滚动轴承的径向尺寸大。所以，在接受大负荷的场所和要求径向尺寸小、构造紧凑的场所（如内燃机曲轴轴承），多采用滑动轴承。

2）滚动轴承振动和噪声较大，特别是在运用前期尤为明显，因而，对精细度要求很高且不允许有振动的场所，滚动轴承难以胜任，通常选用滑动轴承的效果更佳。

3）滚动轴承对金属屑等异物特别敏感，轴承内一旦进入异物，就会发生断续的较大振动和噪声，亦会引起晚期损坏。此外，滚动轴承因金属夹杂质等也易发作晚期损坏的可能性。即便不发作晚期损坏，滚动轴承的寿命也有一定的限制。总之，滚动轴承的寿命较滑动轴承短一些。

滚动轴承是标准件，可组织专业化大规模生产，价格便宜，广泛应用于中速、中载和一般工作条件下运转的机械设备。

二、滚动轴承的代号及类型选择

1. 滚动轴承的代号

滚动轴承的类型和尺寸繁多，为了生产、设计和使用，对滚动轴承的类型、类别、结构特点、精度和技术要求等国家标准规定了用代号来表示的方法。滚动轴承的端面上通常印有该轴承的代号。滚动轴承的代号由数字和汉字、拼音三部分组成，代号表示其类型、结构和内径等。按照 GB/T272—1993 的规定，滚动轴承代号由前置代号、基本代号和后置代号组成，其含义见表 10—4。

表 10—4　　　　　　　　　　　　　滚动轴承代号的构成表

前置代号	基本代号					后置代号						
	一	二	三	四	五							
轴承分部件代号	类型代号	尺寸系列代号		内径代号		内部结构代号	密封与防尘结构代号	保持架及其材料代号	特殊轴承材料代号	公差等级代号	游隙代号	其他代号
		宽度系列代号	直径系列代号									

（1）基本代号。

基本代号由基本类型、结构和尺寸、内径代号组成，是轴承代号的基础。它由以下三部分内容构成。

1）类型代号。代号用数字或字母表示（尺寸系列代号如有省略，则为第 4 位）。用字母表示时，则类型代号与右边的数字之间空半个汉字宽度。轴承的类型代号见表 10—5。

表 10—5　　　　　　　　　　　　　轴承的类型表

代号	轴承类型	代号	轴承类型
0	双列角接触球轴承	6	深沟球轴承
1	调心球轴承	7	角接触球轴承
2	调心滚子轴承	8	推力圆柱滚子轴承
3	圆锥滚子轴承	N	圆柱滚子轴承
4	双列深沟球轴承	NN	表示双列或多列
5	推力球轴承	NA	滚针轴承

2）尺寸系列代号。表示轴承在结构、内径相同的条件下具有不同的外径和宽度。包括宽度系列代号和直径系列代号。

宽度系列表示轴承的内径、外径相同，宽度不同的系列，常用代号有 0（窄），1（正常），2（宽），3、4、5、6（特宽）等（见图 10—23）。

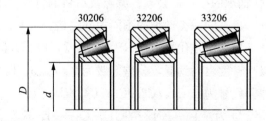

图 10—23　宽度系列代号示意图

直径系列表示同一内径不同的外径系列。常用代号有 0（特轻），2（轻），3（中），4（重）等（见图 10—24）。

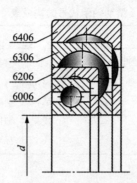

6406
6306
6206
6006

d

图 10—24　直径系列代号示意图

3）内径代号。

①d＝10，12，15，17mm 时，代号为 00、01、02、03（见表 10—6）；

②内径 d＝20mm～480mm，且为 5 的倍数时，代号为 $d/5$ 或 d＝代号×5（mm）；

③d＜10mm 或 d＞500mm，及 d＝22，28，32mm 时，代号用内径尺寸（mm）表示。

表 10—6　　　　　　　　　　　内径 d≥10mm 的滚动轴承内径代号

内径代号	00	01	02	03	04～06
轴承内径	10	12	15	17	代号×5

（2）前置代号（表示轴承的分部件，用字母表示）。

1）L——可分离轴承的可分离内圈或外圈，如 LN207；

2）K——轴承的滚动体与保持架组件，如 K81107；

3）R——不带可分离内圈或外圈的轴承，如 RNU207；

4）NU——表示内圈无挡边的圆柱滚子轴承；

5）WS，GS——分别为推力圆柱滚子轴承的轴圈和座圈，如 WS81107，GS81107。

（3）后置代号（反映轴承的结构、公差、游隙及材料的特殊要求等，共 8 组代号）。

1）内部结构代号——反映同一类轴承的不同内部结构，如 C，AC，B；

2）密封、防尘与外部形状变化代号，如 RS，RZ，Z，FS，R，N，NR 等；

3）轴承的公差等级。精度由高到低，公差等级为 2、4、5、6、6X、0；

4）轴承的径向游隙。代号为：/C1. /C2. /C3. /C4. /C5。

5）保持架代号，代号为：J——钢板冲压，Q——青铜实体，M——黄铜实体，N——工程塑料。

【例】

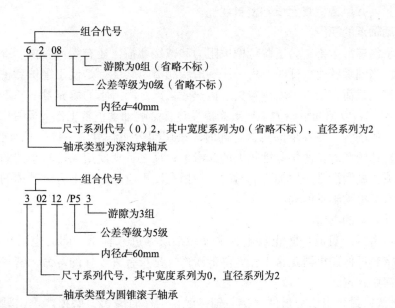

2. 滚动轴承的类型选择

滚动轴承的类型选择主要考虑以下几个因素：

（1）载荷的大小、方向和性质。

1）载荷大小。载荷较大，使用滚子轴承；载荷中等以下，使用球轴承。例如：深沟球轴承既可承受径向载荷又可承受一定的轴向载荷，极限转速较高。圆柱滚子轴承可承受较大的冲击载荷，极限转速不高，不能承受轴向载荷。

2）载荷方向。如果主要承受径向载荷，则使用深沟球轴承、圆柱滚子轴承和滚针轴承；如果受纯轴向载荷，则使用推力轴承；如果同时承受径向和轴向载荷，则使用角接触轴承或圆锥滚子轴承；如果轴向载荷比径向载荷大很多，则使用推力轴承和深沟球轴承的组合结构。

3）载荷性质。承受冲击载荷使用滚子轴承。因为滚子轴承是线接触，承载能力大，抗冲击和振动。

（2）转速。若转速较高，旋转精度较高，使用球轴承，否则，使用滚子轴承。

（3）调心性能。跨距较大或难以保证两轴承孔的同轴度的轴及多支点轴，使用调心轴承。但调心轴承需成对使用，否则将失去调心作用。

轴承外圈滚道做成球面，所以内、外圈可以绕几何转动。偏转后内、外圈轴心线间的夹角 θ 称为倾斜角。倾斜角的大小标志轴承自动调整轴承倾斜的能力，是轴承的性能参数，故称为调心轴承。

（4）装调性能。圆锥滚子轴承和圆柱滚子轴承的内、外圈可分离，便于装拆。

（5）经济性。在满足使用要求的情况下优先使用球轴承、精度低和结构简易的轴承，其价格低廉。

3. 滚动轴承的润滑与密封

要延长轴承的使用寿命和保持旋转精度，在使用中应及时对轴承进行维护，采用合理的润滑和密封,并经常检查润滑和密封状况。

(1) 滚动轴承的润滑。

滚动轴承的润滑主要是为了降低摩擦阻力和减轻磨损,还有缓冲吸振、冷却、防锈和密封等作用。当轴承转速较低时,可采用润滑脂润滑,其优点是便于维护和密封,不易流失,能承受较大载荷;缺点是摩擦较大,散热效果差。润滑脂的填充量一般不超过轴承内空隙的 $1/3\sim1/2$,以免润滑脂太多导致摩擦发热,影响轴承正常工作。通常用于转速不高及不便于加油的场合。当轴承的转速过高时,采用润滑油润滑。一般轴承承受载荷较大、温度较高、转速较低时,使用黏度较大的润滑油;反之,则使用黏度较小的润滑油。润滑方式有油浴或飞溅润滑。采用油浴润滑时,油面高度不应超过最下方滚动体的中心。其他润滑方式请参考滑动轴承的润滑。

(2) 滚动轴承的密封。

滚动轴承密封的目的:防止灰尘、水分和杂质等进入轴承,同时也阻止润滑剂的流失。良好的密封可保证机器正常工作,降低噪声,延长有关零件的寿命。密封方式分接触式密封和非接触式密封。

1) 接触式密封。由于密封件直接与轴接触,工作时摩擦、磨损严重,只适用于低速场合。接触式密封主要有以下两种:

①毛毡圈密封。在轴承盖上开梯形槽,将毛毡按标准制成环形或带形,放置在梯形槽中与轴密合接触,如图 10—25 所示。毛毡圈密封主要用于脂润滑的场合,结构简单,但摩擦系数较大,只用于滑动速度小于 $4m/s\sim5m/s$,且工作温度不高于 $90℃$ 的地方。

②皮碗密封。在轴承盖中放置一个用耐油橡胶制的唇形密封圈,靠弯折了的橡胶的弹性力和附加的环形螺旋弹簧的扣紧作用而紧套在轴上,以便起密封作用(见图 10—26)。唇形密封圈的密封唇的方向要朝向密封的部位。即如果主要是为了封油,密封唇应对着轴承(朝内);如果主要是为了防止外物浸入,则密封唇应背对轴承;如果两方面要求都需要,最好使用密封唇反向放置的两个唇形密封圈。皮碗密封可用于接触面滑动速度小于 $10m/s$(当轴颈是精车的)或小于 $15m/s$(当轴颈是磨光的)的场合。

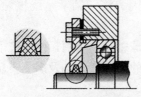

图 10—25　毛毡圈密封

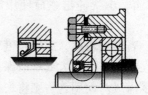

图 10—26　皮碗密封

2) 非接触式密封。使用非接触式密封可以避免接触面间的滑动摩擦。常用的非接触式密封有以下几种:

①间隙密封。如图 10—27 所示,间隙密封是利用运动件之间的微小间隙起密封作用,是最简单的一种密封形式,其密封效果取决于间隙的大小和压力差、密封长度和零件表面质量。其中以间隙大小及均匀性对密封性能的影响最大。因此这种密封对零件的几何形状和表面加工精度有较高的要求。

②迷宫式密封。如图 10—28 所示,迷宫式密封是将旋转件和固定件之间的间隙做成

曲路（迷宫）形式，并在间隙中充填润滑油或润滑脂以加强密封效果。迷宫式密封在环境比较脏和比较潮湿时也是相当可靠的。

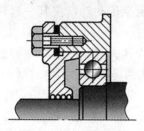 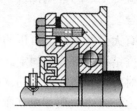

图 10—27 间隙密封　　　　　图 10—28 迷宫式密封

4. 滚动轴承的检验

检验的主要内容有以下三个方面：

（1）外观检验。检验是否有点蚀出现，磨损是否严重，保持架是否松动。

（2）空转检验。手拿内圈旋转外圈，检验轴承转动是否灵活，有无噪声阻滞现象。

（3）游隙测量。游隙一般不超过 0.1mm～0.15mm，径向游隙不能过大。

根据检验结果和使用要求决定轴承是否能继续使用。

任务 4　认识联轴器和离合器

联轴器、离合器是机械中常用的部件，如图 10—29 所示。在机器中使用联轴器和离合器就是为了实现两轴的连接，以便于共同回转并传递动力。其中，用联轴器连接的两轴，须在机器停止运转后才能拆卸分离；而离合器连接的两轴，则在机器运转过程中即可随时结合和分离，从而达到操纵机器传动系统的断续，以便进行变速和换向等。

图 10—29　离合器在摩托车和汽车中的使用

联轴器和离合器的类型很多，其中有些已经标准化。在选择时可根据工作要求，选定合适的类型，再按被连接轴的直径、转矩和转速从有关手册中查找适用的型号和尺寸。

一、联轴器

联轴器是机械传动中的常用部件，用来连接两个传动轴，使其一起转动并传递转矩，有时也可作为安全装置。

根据联轴器有无弹性元件，可以将联轴器分为两大类，即刚性联轴器和弹性联轴器。刚性联轴器又根据结构特点分为固定式和可移动式两类。刚性固定式联轴器要求被连接的两轴中心线严格对中，而刚性可移动式联轴器允许两轴有一定的安装误差，对两轴的位移有一定的补偿能力。弹性联轴器视其所具有的弹性元件材料的不同，可以分为金属弹簧式和非金属弹性元件式两类。弹性联轴器不仅能在一定范围内补偿两轴线间的位移，还具有缓冲减振的作用。这里我们仅介绍刚性联轴器。

1. 刚性固定式联轴器

刚性固定式联轴器具有结构简单、成本低的优点。但对被连接的两轴间的相对位移缺乏补偿能力，故对两轴的对中性要求很高。如果两轴线发生相对位移时，就会在轴、联轴器和轴承上引起附加的载荷，使工作情况恶化，所以常用于无冲击、轴的对中性好的场合。这类联轴器常见的有套筒式、凸缘式以及夹壳式等。这里主要介绍套筒式和凸缘式。

（1）套筒式联轴器。

这是一类最简单的联轴器，如图10—30所示。这种联轴器是一个圆柱形套筒，用两个圆锥销键或螺钉与轴相连接并传递扭矩。这种联轴器没有标准，需要自行设计，例如机床上就经常采用这种联轴器。

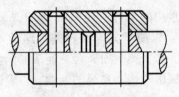

图 10—30　套筒式联轴器

（2）凸缘式联轴器。

刚性联轴器中使用最多的就是凸缘式联轴器。它由两个带凸缘的半联轴器组成，两个半联轴器通过键分别与两轴相连接，并用螺栓将两个半联轴器连成一体，如图10—31所示。

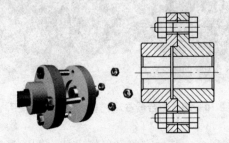

图 10—31　凸缘式联轴器

按对中方式的不同，凸缘式联轴器分为Ⅰ型和Ⅱ型：Ⅰ型用凸肩和凹槽（D1）对中，并用普通螺栓连接，工作时靠两个半联轴器接触面间的摩擦力传递转矩，装拆时需要作轴向移动。Ⅱ型用铰制孔螺栓对中，螺栓与孔为略有过盈的紧配合，工作时靠螺栓受剪与挤压来传递转矩，装拆时不需要作轴向移动，但要配铰螺栓孔。

凸缘式联轴器结构简单、价格低廉、使用方便，能传递较大的转矩，但要求被连接的两轴必须安装准确。它适用于工作平稳、刚性好和速度较低的场合。

2. 刚性可移式联轴器

（1）滑块联轴器。

如图 10—32 所示，滑块联轴器与十字块联轴器相似，只是两边半联轴器上的沟槽很宽，并把原来的中间盘改为两面不带凸牙的方形滑块，且通常用夹布胶木制成。由于中间滑块的质量减小，又有弹性，故具有较高的极限转速。中间滑块也可以用尼龙 6 制成，并在装配时加入少量的石墨或二硫化钼，以便在使用时可以自行润滑。

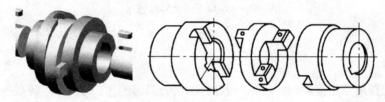

图 10—32　滑块联轴器

这种联轴器结构简单、尺寸紧凑，适用于小功率、中等转速且无剧烈冲击的场合。

（2）万向联轴器。

万向联轴器又称万向铰链机构，用以传递两轴间夹角可以变化的、两相交轴之间的运动。这种机构广泛地应用于汽车、机床、轧钢等机械设备中。

图 10—33 为万向铰链机构的结构示意图。

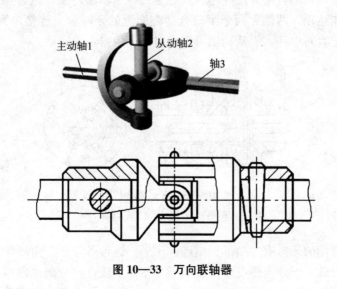

图 10—33　万向联轴器

（3）齿式联轴器。

齿式联轴器如图 10—34 所示，是由两个带外齿环的套筒 I 和两个带内齿环的套筒 II 所组成，其标准为 JB/T6514—1991。

齿式联轴器同时啮合的齿数多，承载能力大，外廓尺寸较紧凑，可靠性高，但结构复杂，制造成本高，通常在高速、重载的重型机械中使用。

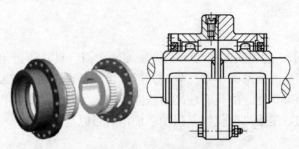

图 10—34　齿式联轴器

二、离合器

离合器的作用是连接两轴，使其一起转动并传递转矩。在机器的运转过程中可以随时进行接合或分离，也可用于过载保护等。如汽车临时停车而不熄火。

对离合器的基本要求是：接合平稳，分离迅速彻底，操纵省力方便，质量和外廓尺寸小，维护和调节方便，耐磨性好等。

常用离合器有以下几种。

1. 牙嵌离合器

牙嵌离合器是由两个端面带牙的半离合器所组成，如图 10—35 所示。其中半离合器 I 固连在主动轴上，半离合器 II 用导键（或花键）与从动轴连接。通过操纵机构可使离合器 II 沿导键作轴向运动，两轴靠两个半离合器端面上的牙嵌合来连接。为了使两轴对中，在半离合器 I 固定有对中环，而从动轴可以在对中环中自由地转动。

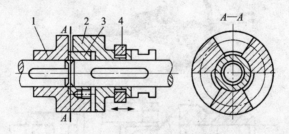

图 10—35　牙嵌离合器

1、2—半离合器；3—对中环；4—滑环。

牙嵌离合器常用的牙形有三角形、矩形、梯形、锯齿形等。三角形牙多用于轻载的情况，容易接合、分离，但牙齿强度较低。矩形牙不便于接合，分离也困难，仅用于静止时手动接合。梯形牙的侧面制成 $\alpha = 2° \sim 8°$ 的斜角，牙根强度较高，能传递较大的转矩，并可补偿磨损而产生的齿侧间隙，接合与分离比较容易，因此梯形牙应用较广。三角形、矩形、梯形牙都可以作双向工作，而锯齿形牙只能单向工作，但它的牙根强度很高，传递转矩能力最大。

牙嵌离合器结构简单，外廓尺寸小，接合后所连接的两轴不会发生相对转动，宜用于主、从动轴要求完全同步的轴系。

2. 摩擦离合器

如图 10—36 所示，摩擦离合器是由主动部分（主动轴、主动盘）、从动部分（从动轴、从动盘）、压紧机构和操纵机构四部分组成。主、从动部分和压紧机构是保证离合器处于接合状态并能传动动力的基本结构，操纵机构主要是使离合器分离的装置。

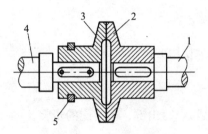

图 10—36   摩擦离合器

1—主动轴；2—主动盘；3—从动盘；4—从动轴；5—滑环。

3. 超越离合器

如图 10—37 所示，超越离合器由星轮、外圈、滚柱和弹簧组成。它是用于原动机和工作机之间或机器内部主动轴与从动轴之间动力传递与分离功能的重要部件。它是利用主、从动部分的速度变化或旋转方向的变换，具有自行离合功能的装置。如在摩托车上，加油时，车轮有负载，动力接合，产生驱动力。速度上去了，减小油门时，就分离动力，使车辆脱挡滑行，避免让车轮驱动发动机，产生发动机制动，起到节油效果。

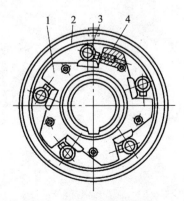

图 10—37   超越离合器

1—星轮；2—外圈；3—滚柱；4—弹簧。

任务 5 齿轮轴的拆装实践训练

一、实训目的

对减速器的大齿轮轴进行拆装，进一步掌握轴的结构、轴承的结构和组成等知识。

二、实训要求

了解齿轮轴的结构，按实训指导教师的要求拆下轴承，然后再装配上。

三、设备和工具

一套开口扳手，拆装轴承使用的锤子及铜棒。

四、实训报告

填写实训报告（分组完成），写出键、销装配的步骤。

🌀 思考与练习

1. 试说明轴承代号 6210 的含义。
2. 在机械设备中为何广泛采用滚动轴承？
3. 推力球轴承为何不宜用于高速场合？
4. 滑动轴承主要适用于哪些场合？
5. 滚动轴承的密封方式有哪些？
6. 滚动轴承的润滑方式有哪些？
7. 简述联轴器与离合器的区别。
8. 简述联轴器的分类。

项目 11 液压传动与气压传动

任务 1 理解液压传动原理

一、液压传动的基本原理

液压传动是以液体为工作介质，利用液体压力来传递动力和进行控制的一种传动方式。如图 11—1 所示为液压千斤顶的工作原理图。它分三个步骤完成重物的举起。

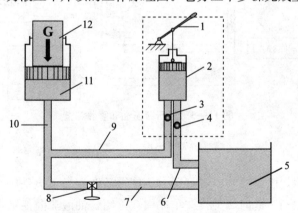

图 11—1 液压千斤顶的工作原理

1—杠杆手柄；2—泵体（油腔）；3—排油单向阀；4—吸油单向阀；5—油箱；
6、7、9、10—油管；8—放油阀；11—液压缸（油腔）；12—重物。

1. 吸油过程

如图 11—2 所示，将杠杆手柄向上提，带动活塞向上运动。活塞与泵体密封很好，油液从油箱通过吸油单向阀 4 往上运动进入油泵，完成吸油过程。

2. 压油和重物的举起

如图 11—3 所示，压下杠杆手柄，由于吸油单向阀 4 此时处于关闭状态，油液不会向油箱回流。由于液体压力，使得排油单向阀 3 开启，油液通过油管进入液压缸，将重物举起。此时，放油阀 8 处于关闭状态。

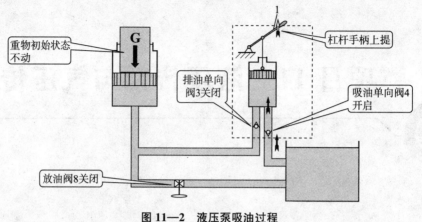

图 11—2　液压泵吸油过程

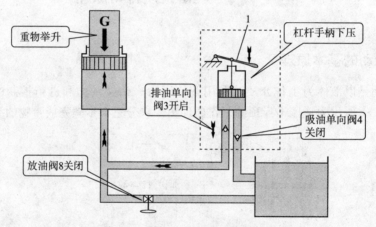

图 11—3　液压泵压油和重物举起

3. 重物的回落

如图 11—4 所示，由于重物本身有压力，使得活塞有向下运动的趋势。若此时打开放油阀，油液就向下运动。此时因为排油单向阀 3 关闭，油液流向油箱重物就回落。

液压传动的基本原理：液压系统利用液压泵将原动机的机械能转换为液体的压力能，通过液体压力能的变化来传递能量，经过各种控制阀和管路的传递，借助于液压执行元件（液压缸或马达）将液体压力能转换为机械能，从而驱动工作机构，实现直线往复运动和回转运动。

二、液压传动的组成及图形符号

1. 液压传动的组成

如图 11—5 所示为一台简化了的机床工作台液压传动系统。我们可以通过它进一步了解一般液压传动系统应具备的基本性能和组成情况。

在图 11—5（a）中，液压泵 3 由电动机（图中未示出）带动旋转，从油箱 1 中吸油。

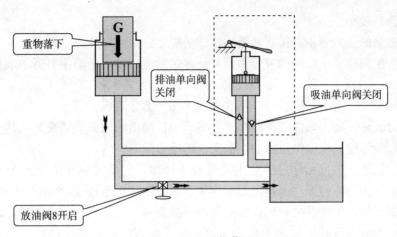

图 11—4 重物落下

油液经过滤器 2 过滤后流往液压泵，经泵向系统输送。来自液压泵的压力油经节流阀 5 和换向阀 6 进入液压缸 7 的左腔，推动活塞连同工作台 8 向右移动。这时，液压缸右腔的油通过换向阀经回油管排向油箱。

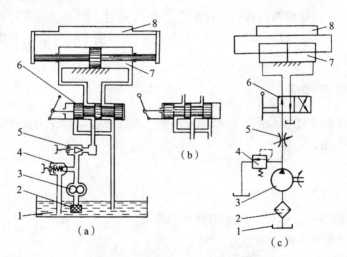

图 11—5 机床工作台液压传动系统

1—油箱；2—过滤器；3—液压泵；4—溢流阀；5—节流阀；6—换向阀；7—液压缸；8—工作台。

如果将换向阀手柄扳到左边位置，使换向阀处于图 11—5（b）所示的状态，则压力油经换向阀进入液压缸的右腔，推动活塞连同工作台向左移动。这时，液压缸左腔的油亦通过换向阀经回油管排回油箱。

工作台的移动速度是通过节流阀来调节的。当节流阀开口较大时，进入液压缸的流量较大，工作台的移动速度就较快；反之，当节流阀开口较小时，则工作台的移动速度较慢。

工作台移动时必须克服阻力，例如，克服切削力和相对运动表面的摩擦力等。为适应克服不同大小阻力的需要，泵输出油液的压力应当能够调整。另外，当工作台低速移动时，节流阀开口较小。

泵出口多余的压力油亦需排回油箱。这些功能是由溢流阀 4 来实现的，调节溢流阀弹簧的预压力就能调整泵出口的油液压力，并让多余的油在相应压力下打开溢流阀，经回油管流回油箱。

从上述例子可以看出，液压传动系统由以下四个部分组成：

（1）动力元件。动力元件即液压泵，它将原动机输出的机械能转换为流体介质的压力能。其作用是为液压系统提供压力油，是系统的动力源。

（2）执行元件。执行元件是指液压缸或液压马达。它是将液压能转换为机械能的装置。其作用是在压力油的推动下输出力和速度（或力矩和转速），以驱动工作部件。

（3）控制元件。包括各种阀类，如上例中的溢流阀、节流阀、换向阀等。这类元件的作用是用以控制液压系统中油液的压力、流量和流动方向，以保证执行元件完成预定的动作。

（4）辅助元件。包括油箱、油管、过滤器以及各种指示器和控制仪表等。它们的作用是提供必要的条件使系统得以正常工作和便于监测控制。

2. 液压系统图形符号

GB/T 786.1—2009 对液压系统的图形符号作出规定，用来表示元件的职能，可方便而清晰地表达各种液压系统。如图 11—5（c）所示为用图形符号表达的机床工作台液压系统。

三、压力的形成及传递

压力的形成如图 11—6 所示。在液压传动中，液体传递的静压力是指在单位面积的液体表面上所受的作用力，即

$$p = \frac{F}{A} \tag{11—1}$$

式中：p——液体的压力（Pa），这里习惯称为压力，实质是压强；

F——作用在液体表面的外力（N）；

A——液体表面的承压面积（m^2）。

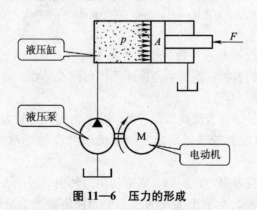

图 11—6 压力的形成

如图 11—7 所示为液压千斤顶的工作原理图，通过作用在小活塞上的力 F_1，顶起大活塞上的重物 G。左侧管道流通面积为 A_2，外载荷为 G，右侧管道流通面积为 A_1，作用在小活塞上的力为 F_1，由帕斯卡定律可知：在大活塞上将受一个力 F_2，并有

$$\frac{F_1}{A_1} = \frac{F_2}{A_2} = p \tag{11—2}$$

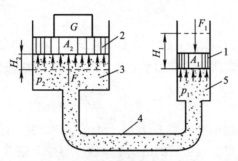

图 11—7 液压千斤顶工作原理图

不计活塞重量，则 $G = F_2 = pA_2$。若 $G = 0$，则 p 一定为零；若 G 无穷大，则 p 无穷大。由此可知，液压系统中的工作压力取决于外载荷。

四、流量与平均速度

1. 流量

流量指单位面积内流过某一截面处的液体体积，即

$$q_v = \frac{V}{t} \tag{11—3}$$

式中：q_v——体积流量（m³/s）；

V——流过的液体体积（m³）；

t——时间（s）。

2. 平均流速

液体在单位时间内平均移动的距离称为平均流速，即

$$v = \frac{q_v}{A} \tag{11—4}$$

式中：v——平均流速（m³/s）；

q_v——体积流量（m³/s）；

A——活塞有效面积（m²）。

3. 活塞运动速度与流量、流道截面的关系

根据物质不灭定律，油液流动时既不能增多也不会减少，由于油液又被认为是几乎不可压缩的，所以油液流经无分支管道时，每一横截面上通过的流量一定是相等的，即

$$q_{v1} = q_{v2} = q_{v3}$$

式中：q_{v1}——截面 A_1 的流量；

$\quad\quad q_{v2}$——截面 A_2 的流量；

$\quad\quad q_{v3}$——截面 A_3 的流量。

因 $Q = Av$，故

$$A_1 v_1 = A_2 v_2 = A_3 v_3$$

由式（11—4）可知：液体在无分支管道中流动时，通过不同截面的流速与其截面积大小成反比，而流量不变，即管道截面小的地方流速大，反之流速小。

五、功率

功率是指单位时间所做的功，用 P 表示，单位为 W（瓦）或 kW（千瓦）。

（1）液压缸的输出功率是液压缸的活塞运动速度与外负载 F 的乘积，即

$$P_{缸} = Fv$$

因为 $F = pA$，$v = q_v / A$，所以上式可以改写成

$$P_{缸} = p_{缸} q_{v缸} \tag{11—5}$$

即液压缸的输出功率为流入液压缸的流量与静压力的乘积。

（2）液压泵的输出功率等于液压泵输出的额定流量和额定工作压力的乘积，即

$$P_{泵} = p_{泵} q_{v泵} \tag{11—6}$$

【例】 对于如图 11—7 所示的液压千斤顶，已知小活塞的面积 $A_1 = 1.13 \times 10^{-4} \text{m}^2$，大活塞的面积 $A_2 = 9.62 \times 10^{-4} \text{m}^2$，油管的截面积 $A_3 = 0.13 \times 10^{-4} \text{m}^2$。

（1）假定施加在小活塞上的力 $F_1 = 5.78 \times 10^3 \text{N}$，试问能顶起多重的重物？

（2）假定小活塞的下压速度为 $0.2 \text{m}^3/\text{s}$，试求大活塞上升速度和油管内液体的平均流速。

解 （1）小液压缸内的压力 p_1

$$p_1 = \frac{F_1}{A} = \frac{5.78 \times 10^3}{1.13 \times 10^{-4}} \text{Pa} = 512 \times 10^5 \text{ Pa}$$

根据静压传递原理可知，$p_2 = p_1$，则大活塞向上的推力 F_2 为

$$F_2 = p_1 A_2 = 512 \times 10^5 \times 9.62 \times 10^{-4} \text{N} = 4.9 \times 10^4 \text{N}$$

能顶起重物的重量为

$$G = F_2 = 4.9 \times 10^4 \text{N}$$

（2）小活塞所排出的流量

$$q_{v1} = A_1 v_1 = 1.13 \times 10^{-4} \times 0.2 \text{m}^3/\text{s} = 0.226 \times 10^{-4} \text{m}^3/\text{s}$$

根据液流连续性原理，推动大活塞上升的流量 $q_{v2} = q_{v1}$ 得大活塞的上升速度

$$v_2 = \frac{q_{v2}}{A_2} = \frac{0.226 \times 10^{-4}}{9.62 \times 10^{-4}} \, \text{m}^3/\text{s} = 0.023\,5\,\text{m}^3/\text{s}$$

同理，油管内的流量 $q_{v3} = q_{v2} = q_{v1}$，所以

$$v_3 = \frac{q_{v3}}{A_3} = \frac{0.226 \times 10^{-4}}{0.13 \times 10^{-4}} \, \text{m}^3/\text{s} = 1.74\,\text{m}^3/\text{s}$$

六、液压传动的应用特点

1. 液压传动的优点

(1) 液压传动可在运行过程中进行无级调速，调速方便且调速范围大；

(2) 在相同功率的情况下，液压传动装置的体积小、重量轻、结构紧凑；

(3) 液压传动工作比较平稳、反应快、换向冲击小，能快速启动、制动和频繁换向；

(4) 液压传动的控制调节简单，操作方便、省力，易实现自动化，当其与电气控制结合，更易实现各种复杂的自动工作循环；

(5) 液压传动易实现过载保护，液压元件能够自行润滑，故使用寿命较长；

(6) 液压元件已实现了系列化、标准化和通用化，故制造、使用和维修都比较方便。

2. 液压传动的缺点

(1) 液体的泄漏和可压缩性使液压传动难以保证严格的传动比；

(2) 液压传动在工作过程中能量损失较大，不宜作远距离传动；

(3) 液压传动对油温变化比较敏感，不宜在很高和很低的温度下工作；

(4) 液压传动出现故障时，不易查找出原因。

总的说来，液压传动的优点十分突出，其缺点将随着科学技术的发展逐渐得到克服。

任务 2　认识液压元件

一、液压泵

液压泵是液压系统的动力元件，它是把电动机输出的机械能转换为液压油的压力能的能量转换装置。其作用是向液压系统提供压力油。

1. 液压泵的类型和图形符号

(1) 液压泵的类型。

按单位时间内所输出的油液体积是否可调，液压泵可分为变量泵和定量泵。单位时间内所输出的油液可调节的是变量泵，不可调节的是定量泵。

按结构形式分，常见的液压泵有齿轮泵、叶片泵和柱塞泵。

(2) 液压泵的图形符号。

液压泵的图形符号见表 11—1。

表 11—1   液压泵的图形符号

图形符号	单向定量泵	单向变量泵	双向定量泵	双向变量泵	并联单向定量泵

2. 常用液压泵

（1）齿轮泵。

齿轮泵分外啮合齿轮泵和内啮合齿轮泵两类，常用的为外啮合齿轮泵。

1）齿轮泵的工作原理。

图 11—8 是外啮合齿轮泵的结构示意图。装在液压泵壳体内的互相啮合的一对齿轮和泵体将齿轮泵的内腔分割成左、右两个互不相通的工作腔，即吸油腔和压油腔。

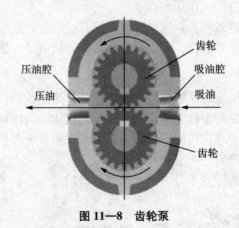

图 11—8 齿轮泵

吸油过程：吸油腔轮齿逐渐分离退出啮合，密封工作容积增大，形成部分真空。油箱中的油液在外部大气压的作用下经吸油管被压入吸油腔，将齿槽充满，并随着齿轮的转动把油液带入压油腔内。

压油过程：在压油腔一侧，由于轮齿进入啮合，密封工作容积减小，两齿间油液被挤出去，经排油口输出，进入系统的供油管路。

由此可见，液压泵是依靠密封容积变化来进行吸油和排油的。密封容积增加，液压泵吸油；密封容积减小，液压泵压油。

2）齿轮泵的优缺点及应用。

优点：结构简单，无须配流装置，价格低，工作可靠，维护方便，自吸性好，对油的污染不敏感。

缺点：易产生振动和噪声，泄漏大，容积效率低，径向液压力不平衡，流量不可调。

齿轮泵主要用在≤2.5MPa 的低压液压传动系统中。

（2）叶片泵。

叶片泵的结构如图 11—9 所示。叶片泵分为单作用式叶片泵和双作用式叶片泵。

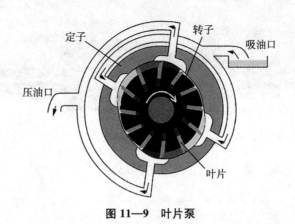

图 11—9 叶片泵

优点：工作压力高，流量脉动小，工作平稳，噪声小，寿命较长，易于实现变量。

缺点：结构复杂，吸油能力不太好，对油液污染比较敏感。

叶片泵一般用在中压（6.3MPa）液压系统中，主要用于机床行业。由于双作用式叶片泵的流量脉动很小，因此在精密机床中得到广泛使用。

（3）柱塞泵。

柱塞泵是利用柱塞在有柱塞孔的缸体内作往复运动，使密封容积发生变化而实现吸油和压油的。按其柱塞排列方向的不同，分为径向柱塞泵和轴向柱塞泵（见图 11—10）两类。其中，轴向柱塞泵应用较多。

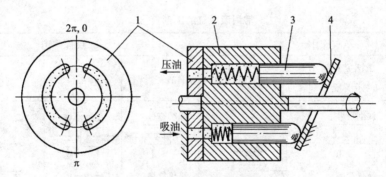

图 11—10 轴向柱塞泵

1—配流盘；2—缸体；3—柱塞；4—斜盘。

优点：可变量，结构紧凑，径向尺寸小，惯性小，容积效率高，工作压力高。

缺点：轴向尺寸大，轴向作用力大，结构复杂。

柱塞泵一般用于需要高压、大流量以及流量需要调节的液压系统中，多用在矿山、冶金机械设备中。

（4）螺杆泵。

螺杆泵分为转子式容积泵和回转式容积泵。螺杆泵结构如图 11—1 所示。

优点：结构简单，体积小，重量轻，运转平稳，噪声小，使用寿命长，流量均匀，自吸能力强，容积效率高。

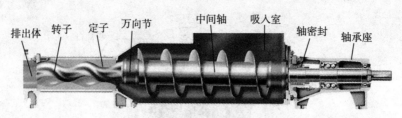

排出体　转子　定子　万向节　中间轴　吸入室　轴密封　轴承座

图 11—11　螺杆泵

缺点：螺杆齿形复杂，不易加工，精度难以保证。

二、液压缸

液压缸是液压系统的执行元件。它将液压能转换为机械能，实现执行元件的往复直线运动。

1. 液压缸的类型及图形符号

按结构特点不同，液压缸可分为活塞式、柱塞式和摆动式三种。下面以活塞式液压缸为例介绍液压缸。

活塞式液压缸分为单活塞杆液压缸和双活塞杆液压缸两种。单活塞杆液压缸仅一端有活塞杆，所以两腔工作面积不相等。双活塞杆液压缸两腔中都有活塞杆伸出，且两活塞杆直径相等。当流入两腔的液压油流量相等时，活塞的往复运动速度和推力相等。

常用液压缸的图形符号见表 11—2。

表 11—2　　　　　　　　　　常用液压缸的图形符号

单缸作用			双缸作用		
单活塞杆缸	单活塞杆缸（带弹簧）	伸缩缸	单活塞杆缸	双活塞杆缸	伸缩缸
详细符号 简化符号	详细符号 简化符号		详细符号 简化符号	详细符号 简化符号	

2. 液压缸的密封

常用的密封方法有间隙密封和密封圈密封。

（1）间隙密封。

如图 11—12 所示，间隙密封是采用在活塞表面制出几条细小的环槽，以增大油液通过间隙时的阻力。

间隙密封的摩擦阻力小，耐高温，但密封性能差，加工精度要求较高，因此，只适用于尺寸较小、压力较低、运动速度较高的场合。活塞与液压缸壁之间的间隙大小通常为

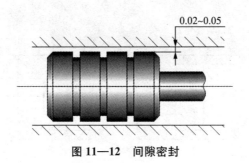

图 11—12 间隙密封

0.02mm~0.05mm。

（2）密封圈密封。

如图 11—13 所示，密封圈密封是液压系统中应用最广泛的一种密封方法。密封圈是利用耐油橡胶、尼龙等材料的弹性作用，使各种截面环贴紧在动静配合面之间来防止泄露。

密封圈密封的结构简单，磨损后有自动补偿性能，密封性能好。

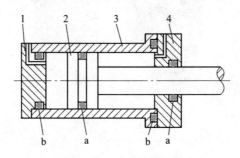

图 11—13 密封圈密封

1—前端盖；2—活塞；3—缸体；4—后端盖；a—动密封；b—静密封。

3. 液压缸的缓冲

液压缸一般都设置缓冲装置，特别是对大型、高速或要求高的液压缸，为了防止活塞在行程终点时和缸盖相互撞击，引起噪声、冲击，则必须设置缓冲装置。

设置缓冲装置的目的：使活塞接近终端时，增大回油阻力，减缓运动件的运动速度，避免冲击。常在大型、高速或高精度液压缸中设置缓冲装置或在液压系统中设置缓冲回路。

液压缸缓冲的原理是当活塞将要达到行程终点，接近端盖时，增大回油阻力，以降低活塞的运动速度，从而减小和避免活塞对端盖的撞击，如图 11—14 所示。

4. 液压缸的排气

由于安装、停车或其他原因，常会使液压系统的油液中渗入空气，影响运动的平稳性，使换向精度下降，活塞低速度运动时产生爬行，甚至在开始运动时产生运动部件的突然冲击现象。为了便于排除积留在液压缸内的空气，油液最好从液压缸的最高点进入和引出。对运动平稳性要求较高的液压缸，常在液压缸两端装有排气塞，如图 11—15 所示。

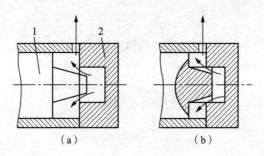

图 11—14　液压缸的缓冲

1—活塞；2—缸体。

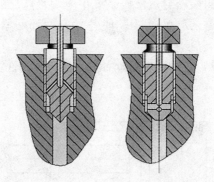

图 11—15　液压缸的排气

三、液压控制阀

　　液压控制阀是用来控制液压系统中油液的流动方向并调节其压力和流量的，可分为方向控制阀、压力控制阀和流量控制阀三大类。

　　1. 方向控制阀

　　方向控制阀是控制油液流动方向的阀，包括单向阀和换向阀两种，如图 11—16 所示。

单向阀　　　　　　　　　　　　　　换向阀

图 11—16　方向控制阀

（1）单向阀。

单向阀可分为普通单向阀和液控单向阀两种。

1）普通单向阀。普通单向阀是保证通过阀的液流只向一个方向流动而不能反向流动的方向控制阀。

如图 11—17 所示，压力油从进油口 P_1 流入，从出油口 P_2 流出。反向时，因油口 P_2 一侧的压力油将阀芯紧压在阀体上，使阀口关闭，油液不能流动。普通单向阀的图形符号见图 11—18。

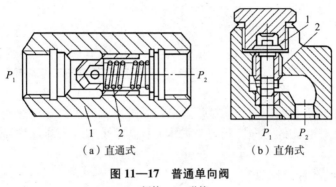

（a）直通式　　　　（b）直角式

图 11—17　普通单向阀

1—阀体；2—弹簧。

图 11—18　普通单向阀的图形符号

2）液控单向阀。液控单向阀的结构及符号如图 11—19 所示。

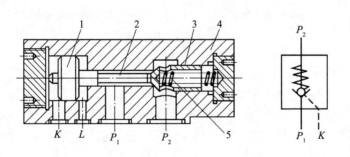

图 11—19　液控单向阀及其符号

1—控制活塞；2—顶杆；3—阀芯；4—阀体；5—弹簧。

在液压系统中，有时需要使被单向阀所闭锁的油路重新接通，为此可把单向阀做成闭锁方向能够控制的结构，这就是液控单向阀。

普通单向阀与液控单向阀的图形符号见表 11—3。

表 11—3　　　　　　　　　普通单向阀和液控单向阀的图形符号

阀　符号	普通单向阀		液控单向阀	
	无弹簧	带弹簧	无弹簧	带弹簧
详细符号				
简化符号		弹簧可省略	控制压力关闭阀	弹簧┃可省略 控制压力打开阀

（2）换向阀。

换向阀是利用阀芯和阀体间的相对位置来控制油液流动方向，接通或关闭油路，从而改变液压系统的工作状态的方向控制阀。阀体上有若干个与外部相通的通路口，并各与相应的环形槽相通。

1）换向阀的结构和工作原理。如图 11—20 所示。

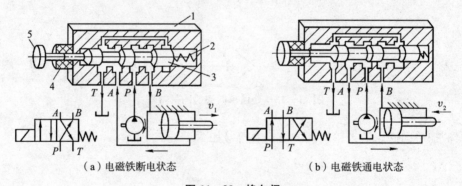

（a）电磁铁断电状态　　　　　　　　　　（b）电磁铁通电状态

图 11—20　换向阀

1—阀体；2—复位弹簧；3—阀芯；4—电磁铁；5—衔铁。

2）换向阀的种类、图形符号。

换向阀有多种形式，按阀芯的运动方式可分为滑阀和转阀，常见的是滑阀；按阀的工作位置数和通路数可分为"几位几通"阀，如二位三通阀、三位四通阀等；按操纵控制方式不同可分为手动控制、电磁控制、电液控制等。

一个换向阀的完整符号应具有工作位置数、通口数和在各工作位置上阀口的连通关系、控制方法以及复位、定位方法等。

"位"指阀与阀的切换工作位置数，用方格表示。"通"指阀的通路口数，即箭头"↑"或封闭符号"⊥"与方格的交点数。常用换向阀的图形符号见表 11—4，换向阀控制方法图形符号见表 11—5。

表 11—4 常用换向阀的图形符号

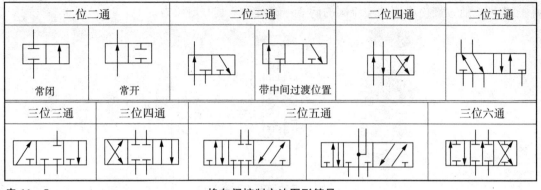

二位二通		二位三通		二位四通	二位五通
常闭	常开		带中间过渡位置		

三位三通	三位四通	三位五通		三位六通

表 11—5 换向阀控制方法图形符号

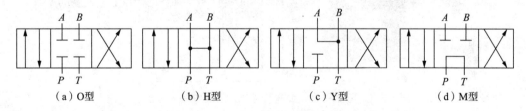

人力控制	机械控制	电气控制	直接压力控制	先导控制
一般符号	弹簧控制	单作用电磁铁	加压或卸压控制	液压先导控制

3）三位四通换向阀的中位滑阀机能。

三位四通换向阀的滑阀在阀体中有左、中、右三个工作位置。左、右工作位置是使执行元件获得不同的运动方向。中间位置则可利用不同形状及尺寸的阀芯结构得到多种不同的油口连接方式，除了使执行元件停止运动外，还可以具有其他一些不同的功能。三位阀在中间的位置时，油口的连接关系称为滑阀机能。如图 11—21 所示，有油口互不相通的 O 型，油口全通的 H 型，三个相通的 Y 型，通口 P、T 相通，通口 A、B 封闭的 M 型等。

（a）O型　　　　（b）H型　　　　（c）Y型　　　　（d）M型

图 11—21 三位四通换向阀的中位机能

2. 压力控制阀

压力控制阀是利用作用于阀芯上的液压力和弹簧力相平衡的原理来实现系统压力的控制。常见的压力控制阀有溢流阀、减压阀和顺序阀。

（1）溢流阀。

溢流阀在液压系统中的作用主要有两个方面：一是起溢流和稳压作用，保持液压系统的压力恒定；二是起限压保护作用，防止液压系统过载。溢流阀通常接在液压泵出口处的油路上。

溢流阀根据结构和工作原理的不同，可分为直动型溢流阀和先导型溢流阀两类。

1）直动型溢流阀的结构和工作原理。

如图 11—22 所示，系统的压力油直接作用在阀芯上与弹簧力相平衡，以控制阀芯的启闭作用。通过旋松或旋紧溢流阀的调节螺钉可调节其开启压力。

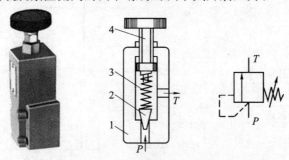

图 11—22　直动型溢流阀及其符号

1—阀体；2—阀芯；3—弹簧；4—调压螺杆。

2）先导型溢流阀的结构和工作原理。

如图 11—23 所示，在 K 口封闭的情况下，当压力油由 P 口进入，通过阻尼孔后作用在导阀阀芯上。当压力不高时，作用在导阀阀芯上的液压力不足以克服导阀弹簧的作用力，导阀关闭。这时主阀阀芯上下两端的液压油的压力相等，在主阀弹簧的作用下，主阀阀芯关闭，P 口与 O 口不能形成通路。

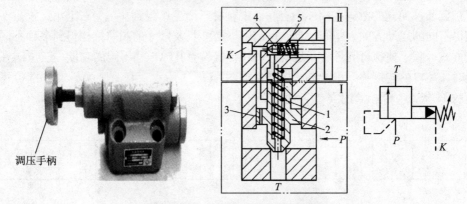

图 11—23　先导型溢流阀及其符号

当进油口 P 压力升高，使作用在导阀上的液压力足以顶开导阀弹簧时，油液从 P 口通过阻尼孔经导阀流向 O 口。

先导型溢流阀的 K 口是一个远程控制口，当它与另一远程调压阀相连时，就可以实现溢流阀的远程调压。

（2）减压阀。

减压阀是用来降低液压系统中某一分支油路的压力，使该分支油路的压力低于液压泵的供油压力，以满足执行机构（如夹紧、定位油路，制动、离合油路，系统控制油路等）的需要，并保持基本恒定。

减压阀根据所控制的压力不同可分为定值减压阀、定差减压阀和定比减压阀。定值减压阀在液压系统中应用最为广泛，因此也简称减压阀，常用的有直动型减压阀和先导型减压阀两类。一般采用先导型减压阀。

1）直动型减压阀的结构和工作原理。

直动型减压阀是依靠系统中的压力油直接作用在阀芯上与弹簧力相平衡，以控制阀芯的启闭动作，如图 11—24 所示是一种低压直动型减压阀，P_1 是进油口，P_2 是回油口，进口压力油经阀芯 3 中间的阻尼孔作用在阀芯的底部端面上，当进油压力较小时，阀芯在弹簧 2 的作用下处于下端位置，将 P_1 和 P_2 两油口隔开。当油压力升高时，在阀芯下端所产生的作用力超过弹簧的压紧力。此时，阀芯上升，阀口被打开，将多余的油液排回油箱，阀芯上的阻尼孔用来对阀芯的动作产生阻尼，以提高阀的工作平衡性，调压螺栓 1 可以改变弹簧的压紧力，这样也就调整了减压阀进口处的油液压力。

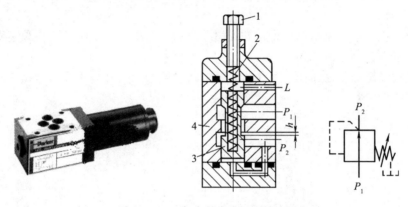

图 11—24 直动型减压阀及其符号

1—调压螺栓；2—调压弹簧；3—阀芯；4—阀体。

2）先导型减压阀的结构和工作原理。

如图 11—25 所示，先导型减压阀主要由主阀 1 和带压力调节元件的先导阀 2 等组成。

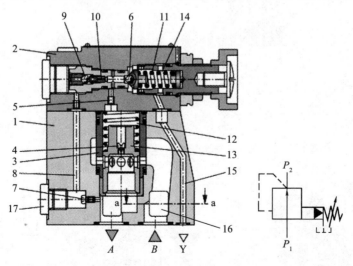

图 11—25 先导型减压阀及其符号

1—主阀；2—先导阀；3—主阀芯插件；4，7，10—节流孔；5—油口；6—球阀；8—控制油路；
9，16—单向阀；11—弹簧；12，14—弹簧腔；13—活塞；15—外泄油口；17—压力表接口。

在静态位置时，阀常开，油液可以从油口 B 经主阀芯插件 3 进入油口 A。油口 A 的压力作用于主阀芯的底部，同时作用于先导阀球阀 2 上，经节流孔 4 作用于主阀芯 3 的弹簧加载侧，并且流经油口 5。同样，压力经节流孔 7、控制油路 8、单向阀 9 和节流孔 10 作用于球阀 6 上。根据弹簧 11 的设定，在球阀 6 前部、油口 5 中和弹簧腔 12 内减压，控制活塞 13 处于开启位置。油液可自由地从油口 B 经主阀芯插件 3 流入油口 A，直至油口 A 的压力超过弹簧 11 的设定值，并打开球阀 6，从而控制活塞 13 移至关闭位置。

当油口 A 的压力与弹簧设定压力之间达到平衡时，获得需要的减压压力。控制油液经外泄油口 15 从弹簧腔 14 泄回油箱。通过安装一个可选择的单向阀 16 可实现从油口 A 至 B 的自由返回流动。压力表接口 17 允许对油口 A 的减压压力进行监测。

（3）顺序阀。

顺序阀是控制液压系统各执行元件先后顺序动作的压力控制阀。顺序阀实质上是一个由压力油液控制其开启的二通阀。

顺序阀按结构不同，可以分为直动型顺序阀（见图 11—26）和先导型顺序阀两类（见图 11—27）。

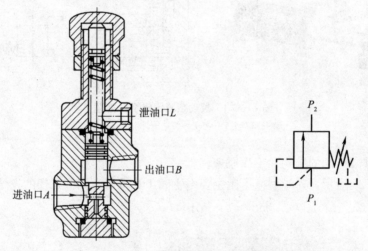

图 11—26　直动型顺序阀及其符号

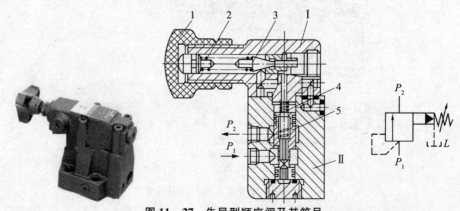

图 11—27　先导型顺序阀及其符号

1—阀体；2，4—弹簧；3—阀芯；5—阀芯套件。

直动型顺序阀的工作原理与直动型溢流阀相似，利用输入口液压油的压力和调节弹簧的作用力相平衡，控制输入、输出口的通断。它与直动型溢流阀的区别在于：顺序阀的输出油液不接回油箱，所以弹簧侧的卸油口必须单独接回油箱。

从作用来看，溢流阀主要利用限压、稳压以及配合流量阀来进行调速；顺序阀则主要用来根据系统压力的变化情况控制油路的通断，有时也可当溢流阀来使用。

（4）压力继电器。

它是一种将液压信号转变为电信号的转换元件。当控制流体压力达到调定值时，它能自动接通或断开有关电路，使相应的电气元件（如电磁铁、中间继电器等）动作，以实现系统的预定程序及安全保护。

一般压力继电器都是通过压力和位移的转换使微动开关动作，借以实现其控制功能。

常用的压力继电器有柱塞式、膜片式、弹簧管式和波纹管式等，其中以柱塞式（见图 11—28）最为常用。

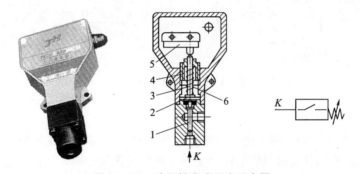

图 11—28　液压柱塞式压力继电器

1—柱塞；2—限位挡块；3—顶杆；4—调节螺杆；5—微动开关；6—调压弹簧。

3. 流量控制阀

流量控制阀是依靠改变节流口的开口大小（即改变通流截面积的大小）来调节通过阀口的流量，从而改变执行元件（液压缸或液压马达）的运动速度的。常用的流量控制阀有节流阀、调速阀、分流阀等。其中节流阀是最基本的流量控制阀。这里我们仅重点介绍节流阀和调速阀。

（1）节流阀。

图 11—29 为节流阀示意图，油液流经小孔、狭缝或毛细管时，会产生较大的液阻。通流面积越小，油液受到的液阻越大，通过阀口的流量就越小。所以，改变节流口的通流面积，使液阻发生变化，就可以调节流量的大小，这就是流量控制的工作原理。

节流口的形式很多，如图 11—30 所示为几种常用的节流口。

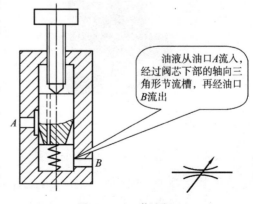

油液从油口A流入，经过阀芯下部的轴向三角形节流槽，再经油口B流出

图 11—29　节流阀

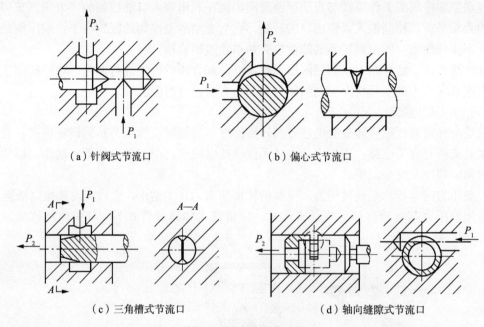

（a）针阀式节流口　　　　　　　　　（b）偏心式节流口

（c）三角槽式节流口　　　　　　　（d）轴向缝隙式节流口

图 11—30　常用节流口

（2）调速阀。

如图 11—31 所示，调速阀是由一个定差减压阀和一个可调节流阀串联组合而成。用定差减压阀来保证可调节流阀前后的压力差不受负载变化的影响，从而使通过节流阀的流量保持稳定。

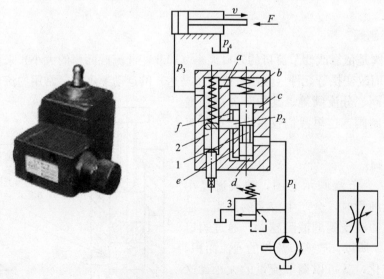

图 11—31　调速阀及其符号

1—减压阀阀芯；2—节流阀阀芯；3—溢流阀。

四、液压辅助元件

液压辅助元件是系统的一个重要组成部分，它包括蓄能器、过滤器、油箱、热交换器、管件、密封装置、压力表装置等。液压辅助元件的合理设计和选用在很大程度上影响液压系统的效率、噪声、温度、工作可靠性等技术性能。

1. 过滤器

过滤器的功用是滤清油液中的杂质，保证系统管路畅通，使系统正常工作。过滤器按滤芯的材料和结构的不同可分为网式、线隙式、烧结式和磁性过滤器等；按过滤精度可分为粗滤清器和细滤清器两种。过滤器及其符号如图 11—32 所示。

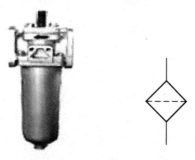

图 11—32　过滤器及其符号

2. 储能器

储能器的功用主要是储存和释放油液的压力能，保持系统压力恒定，减小系统压力的脉动冲击。其工作原理是利用气体的压缩和膨胀来储存和释放压力能。储能器及其符号如图 11—33 所示。

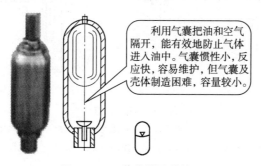

利用气囊把油和空气隔开，能有效地防止气体进入油中。气囊惯性小，反应快，容易维护，但气囊及壳体制造困难，容量较小。

图 11—33　蓄能器及其符号

3. 油管和管接头

液压系统中常用的油管有钢管、铜管、尼龙管、橡胶软管、塑料管等。钢管常用于拆装方便的固定元件连接；中、高压用无缝钢管，低压用焊接管；紫铜管易于弯曲，主要用于装配不便之处；尼龙管、塑料管常用于回油管和泄油管。

管接头是油管与油管、油管与液压元件的连接件（见图 11—34）。管接头的种类很多，按接头的通路区分，有直通、直角、三通等形式；按接头连接方式区分，有焊接式、卡套式、扣压式、扩口式等。管接头和机体的连接螺纹常用锥螺纹和细牙普通螺纹，锥螺纹广泛应用于中、低压系统，细牙普通螺纹常用于高压系统。

图 11—34　油管接头

4. 油箱

油箱在液压系统中的功用是用来储油、散热以及分离油液中的空气和杂质。在液压系统中，可利用床身或底座内的空间作油箱，也可采用单独油箱。利用床身或底座作油箱时，结构较紧凑，回收漏油也较方便，但油液温度的变化容易引起床身的热变形，液压泵的振动也会影响机械的工作性能，所以精密机械多采用单独油箱（见图 11—35）。

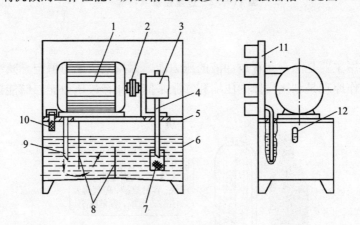

图 11—35　油箱

1—电动机；2—联轴器；3—液压泵；4—吸油管；5—盖板；6—油箱体；7—过滤器；
8—隔板；9—回油管；10—加油口；11—控制阀连接板；12—液位计。

任务 3　分析液压系统基本回路

液压系统不管有多么复杂，它总是由一些基本回路所组成，这些回路根据功用不同可分为方向控制回路、压力控制回路、速度控制回路、顺序动作控制回路等。

一、方向控制回路

控制油液的通、断和流动方向的回路称为方向控制回路。它在液压系统中用于实现执行元件的启动、停止以及改变运动方向。

1. 换向回路

根据执行元件换向的要求，可采用二位（或三位）四通或五通，人力、机械、电气、直接压力和间接压力（先导）等各种控制方法的换向阀。图 11—36 是采用二位四通电磁换向阀的换向回路。图 11—37 是采用三位四通手动换向阀的换向回路。

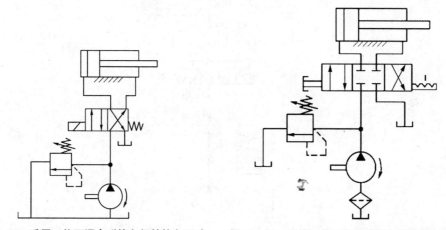

图 11—36　采用二位四通电磁换向阀的换向回路　　图 11—37　采用三位四通手动换向阀的换向回路

2. 锁紧回路

锁紧回路用以实现使执行元件在任意位置上停止，并防止其停止后蹿动。

如图 11—38 所示，锁紧回路是采用滑阀机能为中间封闭或 PO 连接的换向阀组成的闭锁回路。

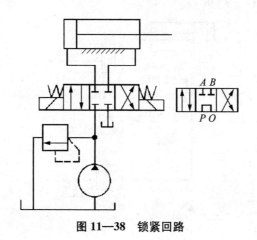

图 11—38　锁紧回路

二、压力控制回路

1. 调压回路

根据系统负载的大小来调节系统工作压力的回路叫调压回路。调压回路主要由溢流阀组成，如图 11—39 所示。

为了使系统压力近于恒定，液压泵输出油液的流量除满足系统工作用油量和补偿系统泄漏外，还必须保证有油液经溢流阀流回油箱，所以这种回路效率较低，一般用于流量不大的场合。

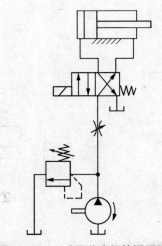

图 11—39 采用溢流阀的调压回路

2. 减压回路

在定量液压泵供油的液压系统中，溢流阀按主系统的工作压力进行调定。若系统中某个执行元件或某个支路所需要的工作压力低于溢流阀所调定的主系统压力（例如控制系统所需的工作压力较低，润滑油路的工作压力更低），这时就要采用减压回路。减压回路主要由减压阀组成，如图 11—40 所示。

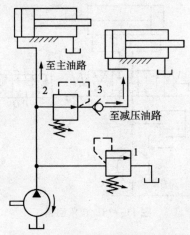

图 11—40 采用减压阀的减压回路

3. 增压回路

增压回路是用来使局部油路或个别执行元件得到比主系统油压高得多的压力，如图 11—41 所示。

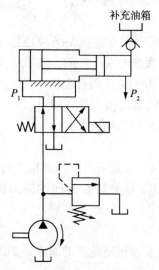

图 11—41　采用增压液压缸的增压回路

4. 卸荷回路

当液压系统中的执行元件停止运动或需要长时间保持压力时，卸荷回路可以使液压泵输出的油液以最小的压力直接流回油箱，减小液压泵的输出功率，以节省驱动液压泵电动机的动力消耗，减小液压系统的发热，延长液压泵的使用寿命。图 11—42 和图 11—43 分别是二位二通换向阀和三位四通换向阀构成的卸荷回路。

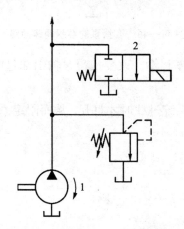

图 11—42　二位二通换向阀构成的卸荷回路

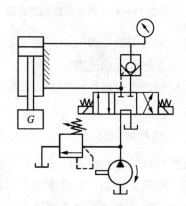

图 11—43　三位四通换向阀构成的卸荷回路

三、速度控制回路

1. 调速回路

调速回路是用于调节工作行程速度的回路。

（1）进油节流调速回路。

如图 11—44 所示，将节流阀串联在液压泵与液压缸之间。泵输出的油液一部分经节流阀进入液压缸的工作腔，泵多余的油液经溢流阀流回油箱。由于溢流阀有溢流，泵的出口压力 P_B 保持恒定。调节节流阀通流截面积，即可改变通过节流阀的流量，从而调节液压缸的运动速度。

（2）回油节流调速回路。

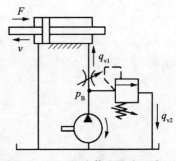

图 11—44　进油节流调速回路

如图 11—45 所示，将节流阀串接在液压缸与油箱之间。调节节流阀流通截面积，可以改变从液压缸流回油箱的流量，从而调节液压缸的运动速度。

（3）变量泵的容积调速回路。

依靠改变液压泵的流量来调节液压缸速度的回路，如图 11—46 所示。

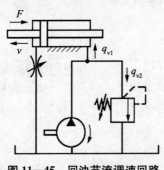

图 11—45　回油节流调速回路

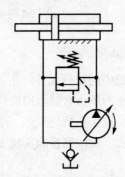

图 11—46　变量泵的容积调速回路

液压泵输出的压力油全部进入液压缸，推动活塞运动。改变液压泵输出油量的大小，从而调节液压缸运动速度。

溢流阀起安全保护作用。该阀平时不打开，在系统过载时才打开，从而限定系统的最高压力。

2. 速度换接回路

速度换接回路是使不同速度相互转换的回路。

（1）液压缸差动连接速度换接回路。

利用液压缸差动连接获得快速运动的回路。

液压缸差动连接时，当相同流量进入液压缸时，其速度提高。如图 11—47 所示，用一个二位三通电磁换向阀来控制快、慢速度的转换。

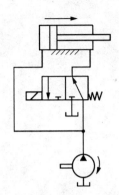

图 11—47 液压缸差动连接速度换接回路

（2）短接流量阀速度换接回路。

采用短接流量阀获得快、慢速运动的回路。

图 11—48 为二位二通电磁换向阀左位工作，回路回油节流，液压缸慢速向左运动。当二位二通电磁换向阀右位工作时（电磁铁通电），流量阀（调速阀）被短接，回油直接流回油箱，速度由慢速转换为快速。二位四通电磁换向阀用于实现液压缸运动方向的转换。

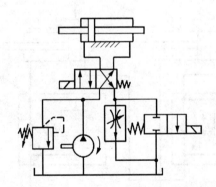

图 11—48 短接流量阀速度换接回路

（3）串联调速阀速度换接回路。

采用串联调速阀获得速度换接的回路。

图 11—49 为二位二通电磁换向阀左位工作，液压泵输出的压力油经调速阀 A 后，通过二位二通电磁换向阀进入液压缸，液压缸工作速度由调速阀 A 调节；当二位二通电磁换向阀右位工作时（电磁铁通电），液压泵输出的压力油通过调速阀 A，须再经调速阀 B 后进入液压缸，液压缸工作速度由调速阀 B 调节。

（4）并联调速阀速度换接回路。

采用并联调速阀获得速度换接的回路。

如图 11—50 所示，两工作进给速度分别由调速阀 A 和调速阀 B 调节。速度转换由二位三通电磁换向阀控制。

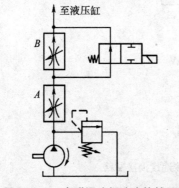
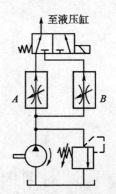

图 11—49　串联调速阀速度换接回路　　　图 11—50　并联调速阀速度换接回路

四、顺序动作控制回路

控制液压系统中执行元件动作的先后次序的回路称为顺序动作控制回路。图 11—51 为采用两个单向顺序阀的压力控制顺序动作回路。

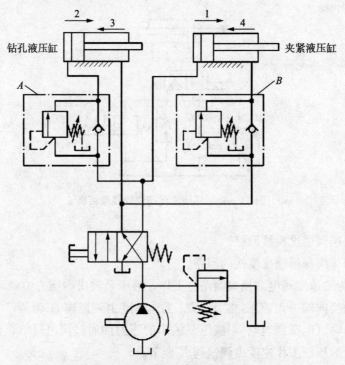

图 11—51　顺序动作控制回路

任务④　认识气压传动

一、气压传动的工作原理及组成

气压传动系统工作时要经过压力能与机械能之间的转换，其工作原理是利用空气压缩机使空气介质产生压力能，并在控制元件的控制下，把气体压力能传输给执行元件，而使执行元件（气缸或气马达）完成直线运动和旋转运动，如图 11—52 所示。

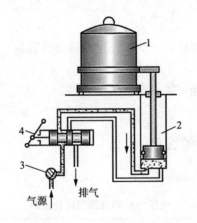

图 11—52　气压传动系统工作原理
1—机罩；2—气缸；3—节流阀；4—手动换向阀。

气压传动系统主要由气源装置、辅助元件、控制文件和执行元件组成，如图 11—53 所示。

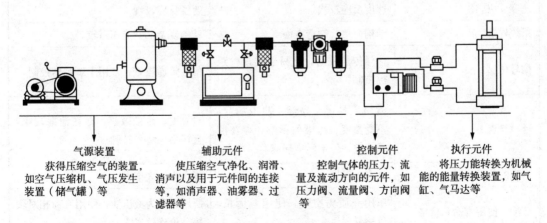

气源装置	辅助元件	控制元件	执行元件
获得压缩空气的装置，如空气压缩机、气压发生装置（储气罐）等	使压缩空气净化、润滑、消声以及用于元件间的连接等，如消声器、油雾器、过滤器等	控制气体的压力、流量及流动方向的元件，如压力阀、流量阀、方向阀等	将压力能转换为机械能的能量转换装置，如气缸、气马达等

图 11—53　气压传动系统

二、气压传动的应用特点

1. 优点

（1）工作介质是空气，排放方便，不污染环境，经济性好。

（2）空气的黏度小，便于远距离输送，能源损失小。

（3）气压传动反应快，维护简单，不存在介质维护及补充问题，安装方便。

（4）蓄能方便，可用储气筒获得气压能。

（5）工作环境适应性好，允许工作温度范围宽。

（6）有过载保护作用。

2. 缺点

（1）由于空气具有可压缩性，因此工作速度稳定性较差。

（2）工作压力较低。

（3）工作介质无润滑性能，需设润滑辅助元件。

（4）噪声大。

三、气压传动和液压传动的区别

气压传动与液压传动的区别见表11—6。

表11—6　　　　　　　　　　气压传动和液压传动的区别

比较项目	气压传动	液压传动
负载变化对传动的影响	影响较大	影响较小
润滑方式	需设润滑装置	介质为液压油，可直接用于润滑，无须设润滑装置
速度反应	速度反应较快	速度反应较慢
系统构造	结构简单，制造方便	结构复杂，制造相对较难
信号传递	信号传递较易，且易于实现中距离控制	信号传递较难，常用于短距离控制
环境要求	适用于易燃、易爆、冲击场合，不受温度、污染的影响，存在泄漏现象，但不污染环境	对温度、污染敏感，存在泄漏现象，且污染环境，易燃
产生的总推力	具有中等推力	能产生较大推力
节能、使用寿命和价格	所用介质为空气，使用寿命长，价格低	所用介质为液压油，使用寿命相对较短，价格较贵
维护	维护简单	维护复杂，排除故障困难
噪声	噪声较大	噪声较小

任务⑤ 认识气压传动常用元件

气压传动系统的常用元件如图 11—54 所示。

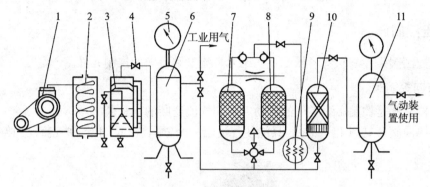

图 11—54 气压传动常用元件

1—空气压缩机；2—冷却器；3—油雾分离器；4—阀门 5—压力计；6、11—储气罐
7、8—干燥器；9—加热器；10—空气过滤器。

一、气源装置及气动辅助元件

1. 空气压缩机

如图 11—55 所示，空气压缩机把电动机输出的机械能转换成气体压力能。

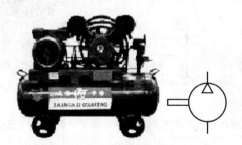

图 11—55 空气压缩机及其图形符号

2. 气动辅助元件

气动辅助元件对空气压缩机产生的压缩空气进行净化、减压、降温及稳压等处理，以保证气压传动系统正常工作。

二、气缸

气缸常用于实现往复直线运动。图 11—56 是双作用单杠气杠。

图 11—56 双作用单杆气缸及其图形符号

三、气压控制阀

气压控制阀是控制和调节压缩空气压力、流量和流向的控制元件。

1. 方向控制阀

方向控制阀是控制压缩空气的流动方向和气流通断的一种阀。

（1）单向阀（见图 11—57）。只能使气流沿一个方向流动，不允许气流反向倒流。

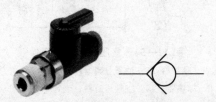

图 11—57 单向阀及其图形符号

（2）换向阀（见图 11—58、图 11—59）。利用换向阀阀芯相对阀体的运动，使气路接通或断开，从而使气动执行元件实现启动、停止或变换运动方向。

图 11—58 二位三通电磁换向阀及其图形符号   **图 11—59 二位三通气控换向阀及其图形符号**

2. 压力控制阀

（1）减压阀（见图 11—60）。将从储气罐传来的压力调到所需的压力，减小压力波动，保持系统压力的稳定。

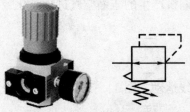

图 11—60 减压阀及其图形符号

减压阀通常安装在过滤器之后，油雾器之前。在实际生产中，常把这 3 个元件做成一体，称为气源三联件（气动三大件）。

（2）顺序阀（见图 11—61）。依靠回路中压力的变化来控制执行机构按顺序动作的压力阀。

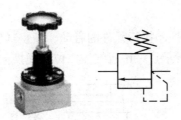

图 11—61　顺序阀及其图形符号

（3）溢流阀（见图 11—62）。溢流阀在系统中起过载保护作用，当储气罐或气动回路内的压力超过某气压溢流阀调定值时，溢流阀打开向外排气。当系统的气体压力在调定值以内时，溢流阀关闭；当系统的气体压力超过该调定值时，溢流阀打开。

图 11—62　溢流阀及其图形符号

3. 流量控制阀

流量控制阀是通过改变阀的流通面积来实现流量控制的元件。

（1）排气节流阀（见图 11—63）。安装在气动元件的排气口处，调节排入大气的流量，以此控制执行元件的运动速度。它不仅能调节执行元件的运动速度，还能起到降低排气噪声的作用。

（2）单向节流阀（见图 11—64）。气流正向流入时，节流阀起作用，调节执行元件的运动速度；气流反向流入时，单向阀起作用。

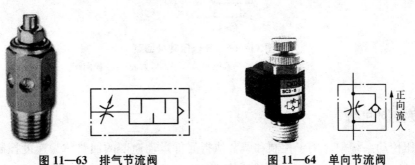

图 11—63　排气节流阀　　　　　**图 11—64　单向节流阀**

任务 6   认识气压传动基本回路

一、方向控制回路

在气压传动系统中，用于控制执行元件的启动、停止（包括锁紧）及换向的回路称为方向控制回路。如图 11—65 所示是采用双气控二位四通换向阀的方向控制回路。

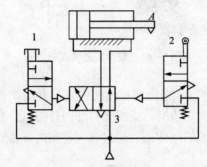

图 11—65   采用双气控二位四通换向阀的换向回路

二、压力控制回路

在气压传动系统中，利用压力控制阀来控制和调节系统或某一部分压力的回路称为压力控制回路。如图 11—66 所示是高低压转换回路。

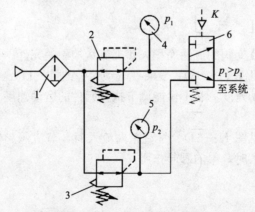

图 11—66   高低压转换回路

1—空气滤清器；2，3—减压阀；4，5—压力表；6—换向阀。

三、速度控制回路

在气压传动系统中，用于控制和调节执行元件运动速度的回路称为速度控制回路。如图 11—67 所示是双作用缸单向调速控制回路。

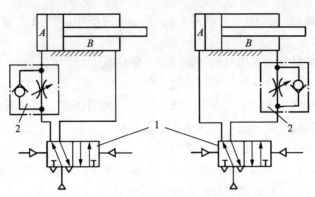

图 11—67 双作用缸单向调速控制回路

1—气控换向阀；2—单向节流阀。

任务7 分析典型液压回路

一、实训分析

如图 11—68 所示的液压系统的工作分析如下：

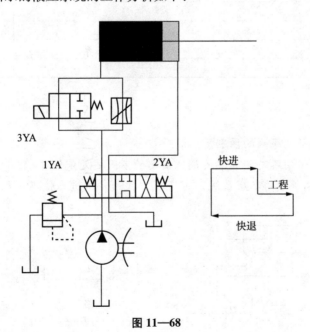

快进

工程

快退

图 11—68

（1）快速前进阶段：电磁铁 1YA 和 3YA 通电，2YA 断电，三位四通换向阀左位接入系统，活塞实现向右快进，其油路是：

进油路——定量液压泵→换向阀→行程阀→液压缸左腔；

回油路——液压缸右腔→换向阀→油箱。

（2）工作进给阶段：当快速进给阶段终了，3YA 断电，活塞实现工作进给阶段时，其油路是：

进油路——定量液压泵→换向阀→调速阀→液压缸左腔；

回油路——液压缸右腔→换向阀→油箱。

（3）快退阶段：2YA 和 3YA 通电，1YA 断电，此时活塞实现快退动作，其油路是：

进油路——定量液压泵→换向阀→液压缸右腔；

回油路——液压缸左腔→行程阀→油箱。

（4）卸荷阶段：1YA 和 2YA 都断电，换向阀处于中位，液压缸两腔被封闭，活塞停止运动，此时泵卸荷，其油路是：

卸荷油路——定量液压泵→换向阀→油箱。

二、实训要求

1. 利用液压元件组装如图 11—68 所示的回路

2. 根据以上描述，填写表 11—7（"＋"表示通电，"－"表示断电）。

表 11—7 电磁阀顺序动作

电磁铁 / 动作	1YA	2YA	3YA
快进			
工进			
快退			
原位停止（卸荷）			

思考与练习

1. 简述溢流阀与减压阀的区别。

2. 进油节流调速回路与回油节流调速回路的不同之处是什么？

3. 如图 11—69 所示的液压系统，可实现"快进—工进—快退—原位停止及液压缸卸荷"的工作循环。

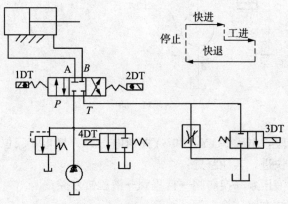

图 11—69

要求：

(1) 填写表11—8（电磁铁通电为"＋"，断电为"一"）。

表 11—8 电磁铁的动作顺序

	1DT	2DT	3DT	4DT
快进				
工进				
快退				
原位停止				

(2) 图11—69中包括哪些基本回路？

参考文献

1. 李世维. 机械基础（第二版）. 北京：高等教育出版社，2006.
2. 孙大俊. 机械基础（第四版）. 北京：中国劳动社会保障出版社，2012.
3. 李培银. 机械基础. 北京：机械工业出版社，2005.